JN038586

発刊にあたって

本書は、ソフトウェア開発におけるスクラムの検討に向けてはじめて学ぶ方や、実践方法で悩んでいるという方々にお勧めのガイドです。アジャイル開発やスクラムがはじめてという方は基本的な考え方や留意点をまとめた第1部から読み進めることをお勧めします。一方、基本的な事項は把握済みであり、開発の実態に合うスクラムの進め方を模索している方は、第2部以降で必要な箇所を参照する読み方もよいでしょう。その場合、特に第3部の計画書や報告書などの雛型ならびに事例を大いに参考とできることでしょう。

アジャイル開発やスクラムへの過度な期待や誤解から、しばしば「受託開発ではスクラムはだめ！？」といった声が聞こえます。他のあらゆる開発手法がそうであるように、スクラムは万能ではなく、導入の条件や制限を押さえたうえで、チームや環境の実態に合わせて用いる必要があります。

そのために数あるガイドや解説書の中で本書をお勧めする理由は三つあります。アジャイル開発の各種の手法や契約のツボをまとめていること、アジャイル開発として最も用いられているスクラムを日本のフツーの受託開発企業が進める手順やヒントを解説していること、すぐに使える実践的なテンプレートと事例を惜しみなく含めていることです。

第一に本書は、アジャイル開発やスクラムのさまざまな側面や関連する事柄のうちで、最低限押さえるべきマインドや価値基準、原則、導入条件のツボをコンパクトに、それも出典を明示してまとめています。特に、受託開発ではネックとなりがちなウォータフォール開発との違いや契約面、さらには顧客参加の必要性をわかりやすく解説しています。スクラム開発を導入するタイミングで、最初はあれこれ知りすぎるとかえって混乱しかねません。かといって、大事な点で顧客と開発チームの理解が食い違っていると、トラブルの元です。本書により両者が理解すべきポイントをちょうどよい範囲で押さえましょう。以降は慣れていく中で徐々に、課題について関連する出典を辿ってより深堀りし、開発の仕方を改善するとよいでしょう。

第二に本書は、スクラムの考え方や原則を押さえつつ過度に原理主義とならず、日本のフツーの受託開発企業の実態に合わせて無理なく進める手順を解説しています。アジャイル開発の組織やチームが目指すゴールは、アジャイルな状態（Be Agile）になることです。しかしそこへ直ちにたどり着けるものではなく、まして日本のフツーの開発企業のスキルや体制、商習慣、さらには顧客のマインドや技術知識の実態を考慮しなければいけません。そこで本書により、経験に裏付けされた型を押さえ、実態に合わせて無理なく進めましょう。そうしたDo Agileの繰り返しの過程で、徐々にBe Agileへと向かうとよいのではないでしょうか。

第三に本書は、実際の受託開発で用いられたすぐ使える雛型と事例を提供しています。本書中でも説明があるように、スクラムそのものは半完成の枠組みであり、具体化は用いる組織やチームに委ねられています。本書が収録する計画書・報告書、さらには管理シートや見積リスク評価表は、スクラムを受託開発の文脈で手っ取り早く具体化するうえで大いに役立つでしょう。加えて事例を参考に、具体化した各種活動を実践しやすいことでしょう。まずは真似から入って他社の経験を取り入れ、徐々に自社や自チームの色を出していきましょう。

本書により多くの開発現場で、顧客と開発チームが意識を合わせて一丸となり無理なくスクラム開発を進め、顧客が本当に求めている価値を素早く実現し改善し続けられることを期待しています。それにより顧客満足と開発者満足の両方が無理なく得られ、「私たちはスクラムでアジャイルになっているね！」と皆が幸せに成長し続ける足掛かりが得られることを願ってやみません。

2023年2月吉日

鷲崎　弘宜　　早稲田大学 教授、国立情報学研究所 客員教授、株式会社システム情報 取締役（監査等委員）、株式会社エクスモーション 取締役、リカレント教育 スマートエスイー 事業責任者

実践スクラム

スクラム開発プレイヤーのための事例

NID　株式会社エヌアイディ DX事業推進チーム　編著

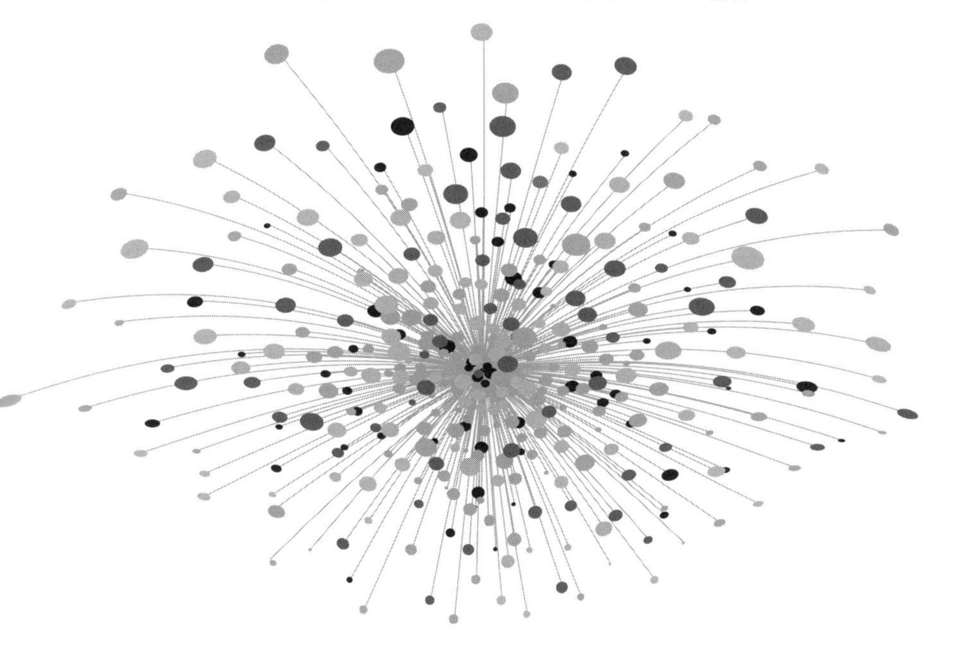

本書に掲載されている会社名・製品名は、一般に各社の登録商標または商標です。

本書を発行するにあたって、内容に誤りのないようできる限りの注意を払いましたが、本書の内容を適用した結果生じたこと、また、適用できなかった結果について、著者、出版社とも一切の責任を負いませんのでご了承ください。

本書は、「著作権法」によって、著作権等の権利が保護されている著作物です。本書の複製権・翻訳権・上映権・譲渡権・公衆送信権（送信可能化権を含む）は著作権者が保有しています。本書の全部または一部につき、無断で転載、複写複製、電子的装置への入力等をされると、著作権等の権利侵害となる場合があります。また、代行業者等の第三者によるスキャンやデジタル化は、たとえ個人や家庭内での利用であっても著作権法上認められておりませんので、ご注意ください。

本書の無断複写は、著作権法上の制限事項を除き、禁じられています。本書の複写複製を希望される場合は、そのつど事前に下記へ連絡して許諾を得てください。

出版者著作権管理機構
（電話 03-5244-5088，FAX 03-5244-5089，e-mail: info@jcopy.or.jp）

JCOPY ＜出版者著作権管理機構 委託出版物＞

まえがき

本書を手に取ったあなたはアジャイル開発を今よりもうまく進めたいと思われていることでしょう。

本書は、株式会社エヌアイデイ（以下当社）の実際の経験に基づいて策定したアジャイルソフトウェア開発の開発標準をベースに、スクラム開発の当社流の手順を具体的に示したものです。当社のようなソフトウェアの受託開発を業態とするソフトウェアベンダーの方々に是非参考にしてほしい一冊です。

開発現場の現状

アジャイルソフトウェア開発が今のように世界中に広まった背景には、20年余り前の去る2001年のころ、17名のソフトウェア技術者の叡智がまとまったアジャイルソフトウェア宣言があります。

現在のところITシステム開発の手法は、ウォータフォール開発が中心ですが、アジャイル開発を用いたシステム開発は特別なスタイルではなくなってきています。とはいうもののITプロジェクトにおいて、『アジャイル開発』という言葉とその表面的な特徴ばかりが先行し、うまく機能しないこともあるということはソフトウェア開発に詳しい読者の方々にはご承知の通りであると思います。

アジャイル開発の一つの方法であるスクラム開発を例にとると、ストーリーポイントの合計値などのベロシティという名のノルマが存在し、担当者はその数値をクリアするために大幅な超過勤務を継続したり、「アジャイルだから途中の仕様変更も大丈夫だよね」とユーザーから言われてスプリントの途中で仕様変更を余儀なくされたり、「アジャイルだからドキュメントは作成してはいけない」と言われ保守がしづらい等々、こういったことで開発者が困ってしまっている現場は少なくありません。これらはすべてユーザー（プロダクトオーナー含む）側と開発者側双方のアジャイル開発への理解不足が招いた悲劇であると言わざるを得ません。

当社においても同様で、あるメーカー系の製品開発プロジェクトにおいて同様の事象が起こり、結果として開発チームが疲弊し、プロパー２名の退職とビジネスパートナーの離脱などが発生し、会社として当該プロジェクトの途中で契約継続できない状況に陥り大変な損害を出してしまったという苦い経験があります。

アジャイル開発について自分たちの都合の良い部分だけをクローズアップして解釈していたり、正しい知識を身に付けないままという準備の状態でスクラムを始めてしまっていたりといったことなどがトラブルの原因となり、多くのソフトウェア技術者が苦しんでいるケースがよく見受けられます。逆にうまくいった例としてはユーザーと開発側がお互いにアジャイル開発を理解しているので、チーム内でのコミュニケーションも良く、一体となって進めることができたため超過勤務もトラブルもほとんどなく完了したケースもありました。

このように開発に携わる方々のアジャイルに対する理解の違いがこのような格差を生み出しているのです。当社はこのような状況を打破するために自社内にてアジャイル（スクラム開発）の標準的な枠組みに当社独自の考えを加え開発標準として制定し、利用しています。

本書の活用方法

当社のスクラム開発の実際のプロジェクトにおいては、ユーザーや開発対象など諸条件に応じた個々の開発スタイルが採られることを想定しており、本書に記載される内容のすべてを充足させることを求められてはおらず、プロジェクト特性に応じたプロセスのカスタマイズを行い活用することを勧めています。

本書の構成

本書は３部構成となっています。「第１部　アジャイル開発の基礎」はアジャイル開発に対する基本的な知識の獲得と理解を深めることを目的としており、アジャイル開発を導入する社会的背景、アジャイル開発宣言の意図するところや原理原則、アジャイル開発の進め方について、一般に公開されている文書や書籍を参考に組み立てています。

「第２部　開発の現場」では当社のスクラム開発の社内標準として、スクラムでの開発手法を採用するプロジェクトの受注から計画・実行・品質管理と監視など、各方面における当社のルールをまとめています。

さらに「第３部　各種資料」としてスクラム開発のプロジェクト計画書の雛型とその解説、その他雛型および当社でのスクラム開発の実例、用語集などを掲載していますので、スクラム開発に従事している方の気付きや参考にしていただければ幸いです。

2023 年 3 月

筆者一同

目次

第1部

アジャイル開発の基礎

アジャイル開発の手法には、本書で取り上げるスクラム他多数の手法があります。そのため本書で単にアジャイル開発と表記する場合は、手法を包含する概念や、手法の違いに関わらない共通事項について述べています。

本書のメインテーマのスクラム開発に入る前に、その上位概念であるアジャイル開発について簡単に触れておきます。また、以降、スクラムと表記する場合は、特に断わりなければ、アジャイルを含むものとします。

アジャイル開発を手短にいえば

> 小さな開発単位を設けて要件を分離し、開発とテスト、さらに顧客やユーザーからのフィードバックをもとに改善を繰り返していくシステム開発手法

のことです。すべての機能の完成を待つのではなく、優先度の高い機能からある程度の期間ごとに動作するソフトウェアを開発・提供し、顧客の反応を見て改善していくため、仕様変更にも柔軟に対応ができます。

このため、開発途中での仕様変更がしにくく全体が完成するごとの改良となる従来のウォータフォール開発に比べて、アジャイル開発では、比較的短期間でプロダクトの価値を最大化（顧客が本当に必要とする機能を早く提供）していくことができるといえます。

また、顧客からのフィードバックを早期に受けて、意向に沿った改善ができるため、不要な機能を作りこむリスクを回避できるといった特徴があります。

第1章

アジャイル開発とは

昨今なぜアジャイル開発が必要となっているのか、アジャイル開発という概念が生まれるきっかけとなった「**アジャイルソフトウェア開発宣言**」とその意図、その背後にある原則について簡単に紹介します。また、広く利用されているウォータフォール開発との違いについても説明します。

1.1 なぜアジャイル開発が求められるのか

昨今のニーズの変化の激しいビジネス環境に追随していくために、当社らITサービス企業は顧客とともにトライ&エラー&リリースを短いサイクルで繰り返し、より顧客満足度の高い、本当に求められる価値の高いサービス（プロダクト）を指向し、提供をし続けています。

こうしたビジネスの要求変化に対応して、これを実現するソフトウェア開発も仕様を変化させ、要求に素早く対応していくことが非常に重要になってきています。

要求の変化に対して、柔軟かつ機敏な対応が期待できる開発手法として定着されてきた手法が**アジャイル開発**です。そして、ニーズの変化が激しい現在のビジネス環境にも対応するために、アジャイル開発が必要になってきたともいえます。ちなみにアジャイル（Agile）とは日本語で「素早い」「俊敏」という意味ですが、名は体を表している好例です。

1.2 アジャイルソフトウェア開発宣言とその意図

アジャイル開発が生み出された背景といえるのが、**アジャイルソフトウェア開発宣言**です。それぞれ独自の手法で開発を実践していた17名のソフトウェア開発者が集まり、彼らは、それぞれ別個に提唱していた開発手法の重要な部分を統合することについて議論し、**「アジャイルソフトウェア開発宣言」（Manifesto for Agile Software Development）**［MANIFESTO］という文書にまとめました。

宣言の内容は以下の囲みの通りです。

アジャイルソフトウェア開発宣言

私たちは、ソフトウェア開発の実践あるいは実践を手助けする活動を通じて、よりよい開発方法を見つけだそうとしている。この活動を通して、私たちは以下の価値に至った。

プロセスやツール よりも **個人と対話** を、
包括的なドキュメント よりも **動くソフトウェア** を、
契約交渉 よりも **顧客との協調** を、
計画に従うこと よりも **変化への対応** を、
価値とする。すなわち、**左記**のことがらに価値があることを認めながらも、私たちは**右記**のことがらにより価値をおく。

Kent Beck	James Grenning	Robert C. Martin
Mike Beedle	Jim Highsmith	Steve Mellor
Arie van Bennekum	Andrew Hunt	Ken Schwaber
Alistair Cockburn	Ron Jeffries	Jeff Sutherland
Ward Cunningham	Jon Kern	Dave Thomas
Martin Fowler	Brian Marick	

©2001, 上記の著者たち
この宣言は、この注意書きも含めた形で全文を
含めることを条件に自由にコピーしてよい。
http://agilemanifesto.org/iso/ja/manifesto.html

［IPA20］

「アジャイルソフトウェア開発宣言」に書かれていることは、ソフトウェア開発を行ううえで彼らが最も重要と考えている価値観です。すなわち、従来からの価値観である左記の4つのことがら（「プロセスやツール」「包括的なドキュメント」「契約交渉」「計画に従うこと」）にも引き続き価値があることを認めながらも、右記の4つのことがら（「個人と対話」「動くソフトウェア」「顧客との協調」「変化への対応」）を特に重要視しているということです。

ここで挙げている4つの価値観というのは、具体的には以下のようなことです。

- **個人と対話**

  ニーズを伝え、これを理解しソフトウェアを開発するのは人と人であり、価値のあるものを作るには人と人とのコミュニケーションがまず基本であるということ。

- **動くソフトウェア**

  実際に動くソフトウェアを早く作り、動作させてフィードバックを得ながら開発を進めることが、本当に価値のあるものをより早く提供することにつながるということ。

- **顧客との協調**

  契約交渉においては対立する関係性になりがちだが、そうした立場を超えて協調するパートナー関係を築くことで、一緒により良いものを作れるということ。

- **変化への対応**

  ビジネスを取り巻く環境の変化やそれに伴う顧客ニーズの変化が絶えず発生する中、変化に柔軟に対応していくことがより価値の高いものを生むということ。

1.3 アジャイル宣言の背後にある12の原則

アジャイル宣言の背後にある12の原則には、「アジャイルソフトウェア開発宣言」で書かれている価値観をソフトウェア開発において実践するために、取り入れるべき考え方や取り組み姿勢が挙げられています。[PRINCIPLES]

> **アジャイル宣言の背後にある12の原則**
>
> 私たちは以下の原則に従う。
>
> ①顧客満足を最優先し、価値のあるソフトウェアを早く継続的に提供します。
>
> ②要求の変更はたとえ開発の後期であっても歓迎します。変化を味方につけることによって、お客様の競争力を引き上げます。
>
> ③動くソフトウェアを、2-3週間から2-3ヶ月というできるだけ短い時間間隔でリリースします。
>
> ④ビジネス側の人と開発者は、プロジェクトを通して日々一緒に働かなければなりません。
>
> ⑤意欲に満ちた人々を集めてプロジェクトを構成します。環境と支援を与え仕事が無事終わるまで彼らを信頼します。
>
> ⑥情報を伝えるもっとも効率的で効果的な方法はフェイス・トゥ・フェイスで話をすることです。
>
> ⑦動くソフトウェアこそが進捗の最も重要な尺度です。
>
> ⑧アジャイル・プロセスは持続可能な開発を促進します。一定のペースを継続的に維持できるようにしなければなりません。
>
> ⑨技術的卓越性と優れた設計に対する不断の注意が機敏さを高めます。
>
> ⑩シンプルさ（ムダなく作れる量を最大限にすること）が本質です。
>
> ⑪最良のアーキテクチャ・要求・設計は、自己組織的なチームから生み出されます。
>
> ⑫チームがもっと効率を高めることができるかを定期的に振り返り、それに基づいて自分たちのやり方を最適に調整します。
>
> http://agilemanifesto.org/iso/ja/principles.html

[IPA20]

当社では、この原則および後述する**スクラムガイド**のもとに、スクラム開発のガイドラインを制定し、これに従い開発を進めています。

1.4 ウォーターフォール開発とアジャイル開発との違い

ここでは、広く利用されているウォーターフォール開発とアジャイル開発の相違点を比較することにより両者の違いを説明します。

開発プロセスの観点からは、**図1-1**のような違いがあります。

ウォーターフォール開発では、**要求範囲**の全体をあらかじめ確定させたうえで、それらを最初に分析します。続けて、その結果に基づいて設計し、その設計をコードとして実装し、テストして、リリースします。各工程間は、ドキュメントで意図を伝えます。

一方、**アジャイル開発**では、要求範囲はその全体が最初に決められておらず、優先度の高い機能から少しずつ確定されていき、確定の都度小さな開発単位で分析、設計、実装、テスト、リリースを短期間で行っていきます。顧客にとって価値の高い機能から開発し、顧客の要望をフィードバックしながら、ソフトウェアを徐々に完成させていくのがアジャイル開発です。

また、**要求範囲**と開発にかかる**コスト**および**期間**との関係性を見ると、**図1-2**のような違いがあります。

ウォーターフォール開発では、まず要求範囲を確定させたうえで、要求仕様に記載のすべての機能を実現するのに必要なコストと期間を見積り、開発を計画します。そして、計画されたコストと期間の範囲内で開発し、すべて開発し終えたところで開発終了となります。

一方、**アジャイル開発**では、まずは開発にかけるコスト（ビジネスの成果に見合うコスト）と期間（いつから必要なのか）が決定され、その決められたコストと期間の中で、要求範囲をビジネス上の優先順位に従い調整しつつ開発を進めます。限られたコストと期間の中では要求範囲すべての開発が完了できない場合もあります。そこで、開発する優先順位と要求範囲のどこまでを開発するかについては、顧客と

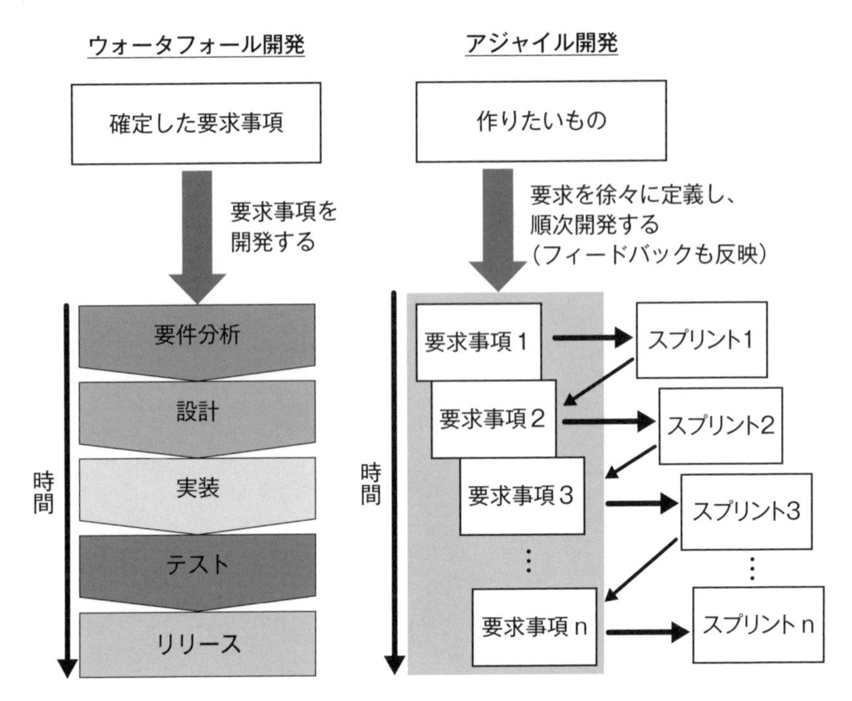

図 1-1　開発プロセスの違い

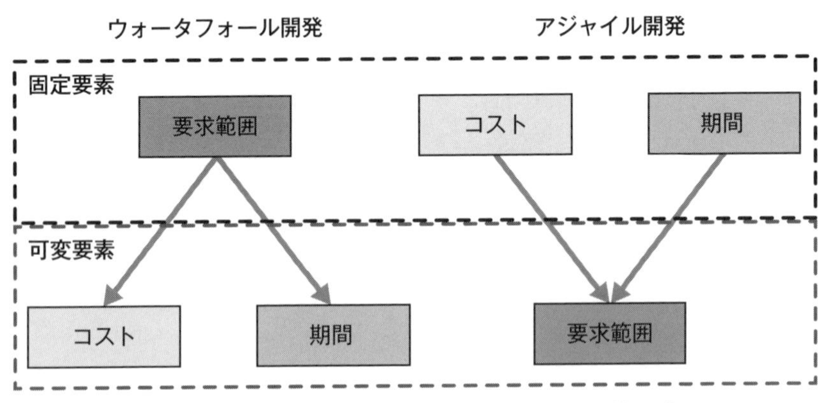

図 1-2　要求範囲とコストおよび期間の関係性の違い

相談して決めていきます。また、アジャイル開発では場合によっては、コストと期間を追加します。

それぞれの特徴を表 1-1 で比較します。

表 1-1　ウォータフォール開発とアジャイル開発の特徴比較

項目	ウォータフォール開発	アジャイル開発
要求範囲	当初の要求仕様を 100%満たすように作成。要求仕様は変更しない前提	要求仕様は随時変化していく 無駄な機能が含まれにくい
品質	各工程で品質を担保しやすい	短期サイクルで開発を行うため、継続的インテグレーションが必須
コスト	使用されない機能まで盛り込んでしまい、結局無駄になることがある	無駄な機能を作らないという点では、コストは抑えられる しかし、ウォータフォールより安価にできるということではない
リリースタイミング	全工程完了時	短いサイクルで頻繁にリリース
ドキュメント（仕様書類）	各工程で定義されたドキュメント	必要最低限とする（動くソフトウェア優先）
顧客のフィードバックタイミング	開発最後に動作するソフトウェアになるため、顧客のフィードバックが遅い	動作するソフトウェアを定期的にリリースするため、顧客のフィードバックが早い
仕様変更	対応が困難（**マイナスのリスク**） 原則なし	対応が柔軟（**プラスのリスク＝チャンス**） 日常的に有り
体制	スタッフの役割が明確に分かれている	顧客も巻き込みチーム一体となって協力する
開発者	工程ごとの専任担当者	すべての開発作業を担当する多能工
プロセス改善	次プロジェクトに経験を活かす	スプリントごとにプロセス改善が可能

［IPA14］より

第2章

アジャイル開発の手法

本章では、アジャイル開発において使われる代表的な開発手法とその概要に触れます。また、各開発手法の内外における適用状況の調査結果を紹介し、最もよく利用されている開発手法についてまとめます。

2.1 アジャイル開発の手法と特徴

アジャイル開発の開発手法として、ここでは、Scrum、FDD、XP、DSDM、Leanの5つを取り上げ、その特徴をまとめます。なお、この他に複数の開発手法の利点を取り入れ複合させた**ハイブリッド**(Scrum/XPハイブリッドなど)な手法がとられることもあります。

2.1.1 Scrum

Scrum(スクラム、スクラム開発)とは、スクラムチームが一体となってシステム開発を行う手法のことで、ラグビーのスクラムではチームが一丸となって対戦することから、その名を採用したとされます。スクラムチームのメンバー間のコミュニケーションやチームワークを重要視し、メンバー同士がタッグを組み、よく話し合ってプロジェクトを進めていく方法です。

スクラムチームには、プロダクトに責任を持つ「プロダクトオーナー」、プロジェクトを円滑に進めることに責任を持ちチーム全体を支援する「スクラムマスター」、実際に開発を行う「開発者」(3〜9人程度)がいます。

開発の進め方としては、スプリントという短い開発期間を反復し、顧客などへのデモを行い、そのフィードバックを反映しながらプロジェクトを進めていきます。プロダクト全体のうち、各スプリントの中で実装する機能や実行する作業についてチーム全体で計画を立て、スプリント中は毎日ミーティングを行って、進捗状況や課題を共有し、作業計画を調整しながら進めます。スプリント終了時は作成したプロダクトとプロセス（仕事のやり方）に関するふりかえりを実施して、次のスプリントの計画や改善へとつなげます。

スクラム開発の一般論については「第３章　スクラム開発」で、当社におけるスクラムの現場については「第２部　開発の現場」で詳しく説明します。

2.1.2 FDD（Feature Driven Development：ユーザー機能駆動開発）

FDD（エフディーディー）は、ユーザーニーズとユーザーエクスペリエンスにフォーカスして、ユーザーにとって価値ある機能を順次選定し、これに合わせて開発を進める、その名の通り機能主導型の開発手法です。

プロジェクトライフサイクルの全体を計画フェーズと構築フェーズに大きく分け、以下の５つのステップを定義しています。計画フェーズ（ステップ①～③）でユーザーが求めるものを明確にして要望に応じた機能の選定を行い、構築フェーズ（ステップ④～⑤）で計画に従い開発を進めます。

計画フェーズから顧客と密にコミュニケーションをとり、動作するソフトウェアを適切な間隔で反復して開発し顧客に提供することから、他の開発手法と比較して、より価値の高い機能の提供をしやすいという特徴があります。

ステップ① 全体構想の立案

プロジェクトの中核となる考えを反映した全体構想を立てるステップです。ターゲットとなる人々、プロダクトの目的・構成・提供計画などを明確にすることがテーマです。

ステップ② 機能リストの作成

ユーザー重視の機能提供のリストを作成するステップで、スクラムのプロダクトバックログに類似しています。チームはプロダクトの提供を早めることを優先的に考え、開発の進め方を計画します。2週間以内に機能提供をすることが望ましいとされます。

ステップ③ 機能開発を計画

機能開発の計画をする重要なステップで、機能をもとにタスクを設定し、その機能をよく調査し、理解したうえで詳細にタスク分割します。全員が計画に参画し、達成すべき目標を認識することが重要です。

ステップ④ 機能設計

ここから実際の開発タスクをスタートします。開発する機能の優先順位付けをしつつ設計作業を行います。全員が協力し合いながら、繰り返し開発を進めます。

ステップ⑤ 機能実装

実装からビルド、テストまで、個々のメンバーが各自の担当タスクに取り組むステップです。このステップでプロダクトを完成させます。

2.1.3　XP（Extreme Programming：エクストリーム・プログラミング）

XP（エックスピー）[XP]は、アジャイル開発の中でも顧客満足に重点を置いており、顧客が必要とするソフトウェアを必要な時に素早く提供し、要求変更にも柔軟に対応することが特徴です。

XPのチームは通常2～12名の小さなものです。チームワークを重視し、顧客、管理者、開発者が対等な立場で1チームとして協力します。小さなチームは、コミュニケーションしやすく、素早いアイディア出しから、高い生産能力を引き出し、直面する問題にも効果的に対処できます。

XPは5つの価値（シンプルさ／コミュニケーション／フィードバック／勇気／尊敬）を重視し、これらを実践することで、開発プロジェクトの成果を向上させます。また、そのことが開発者の生活の質をも向上させます。

表2-1　XPの5つの価値

価値	内容
シンプルさ	必要なことだけを行い、必要のないものは作らないというシンプルな姿勢で小さく歩を進める。これは価値を最速で提供すること、失敗の影響を抑えること、さらにコストを抑えることにもつながる。
コミュニケーション	開発中は要求定義からコード実装まで、顧客と開発者たちは毎日顔を合わせてコミュニケーションしながら、一緒に協力して進める。
フィードバック	早く頻繁にソフトウェアを動作させることで、そのフィードバックにより必要な改善を行う。プロジェクトのふりかえりからのフィードバックによりプロセスを改善する。
勇気	進捗や見通しに関しては勇気を持って正直に伝え、失敗の言い訳をしない。変化にも勇気を持って対応する。
尊敬	顧客も、開発者も、管理者も、チーム全員がお互いの価値を認め、尊敬し合い、協力し合う。

2.1.4 DSDM（Dynamic System Development Methodology：動的システム開発手法）

DSDM（ディーエスディーエム）は、英国ケンブリッジ大学で生まれたコンセプトをもとに、1990年代に開発されたアジャイルフレームワークの1つのモデルで、それ以前のアジャイルフレームワークの主流であった高速アプリケーション開発（Rapid Application Development：RAD）の拡張版として開発されたものです。

その中核となる考え方は、戦略的な目標を明確にしてこれに沿った計画をし、早く提供することによりビジネスに恩恵をもたらそうというものです。これは継続的なユーザーの関与を必須としています。

この目標達成をサポートするため、以下の8つの大原則を掲げており、そのフレームワークはプロジェクトを3つのフェーズに分類しています（表2-2参照）。

表2-2　DSDMフレームワークの3つのフェーズ

フェーズ	概要
プリプロジェクト	プロジェクト開始前に行われるべきものであり、プロジェクトを定義して開始のコミットメントを獲得するフェーズ
プロジェクトライフサイクル	プロジェクトの実行フェーズで、5つのステージに分けられる ・実現可能性調査（Feasibility Study） ・ビジネス調査（Business Study） ・機能モデルイテレーション（Functional Model Iteration） ・設計と構築イテレーション（Design & Build Iteration） ・実装
ポストプロジェクト	プロジェクトの終了時に行われるべきもので、提供したプロダクトについてユーザーの満足度を調査し、プロダクトを改善していくフェーズ

・市場ニーズにフォーカスする
・時間通りに納品する
・協働
・品質の確保
・強固な基礎から漸増的に開発
・繰り返し開発
・継続的に明確に意思疎通
・プロジェクト制御の実証

これらの原則をそのフレームワークで実践する DSDM は以下の特徴を持っているといえます。

・実行フェーズだけでなく、プロジェクト開始前と終了時の活動までをカバーしている
・迅速なプロセスで、納期を遵守する
・プロジェクト関係者の強力な関与を求めており、ユーザーのフィードバックも得やすい

上記の多数の特徴がありますが、DSDM は高コストのため、予算の限られる小規模プロジェクトではなく、大規模プロジェクトへの適用に向いています。

2.1.5 Lean

Lean（リーン）ソフトウェア開発は、日本の自動車メーカーの生産方式であるリーン生産方式の考え方をもとにしており、その呼び名は、「ぜい肉が無く引き締まっている状態」を意味する Lean に由来し、徹底して無駄を排除し生産を合理化して素早く高品質な製品を生み出す生産方式を表しています。これをソフトウェア開発にも適用したアジャイル開発の一つのモデルです。開発における具体的な手順や行動を示すものではありませんが、「無駄の排除」「学びを拡げる」「決定を

遅らせる」「早く提供する」「チーム力を高める」「高品質を作りこむ」「全体最適化」という７つの原則を掲げています。

これらを実践するために、以下の方法を採用することで、生産効率や品質をあげソフトウェア開発に恩恵をもたらす開発手法になります。

● シンプルな開発プロセス

ソフトウェアの設計・実装の過程で、不必要な段階やプロセスを極力排除し、そのことが時間を節約し、要件の変更を回避することを助け、資源を大切にすることにもつながります。

● 無駄な損失の排除

最小限の動作をするプロダクトに焦点を当てています。重要な特性や機能を優先し、最小限のプロダクトを市場に出すことにより、市場分析に基づいて、何を優先すべきかを知ることができます。結果、望まれない開発に費やされる無駄な時間と投資を排除することになります。

● チームの大きな関与

人と人とのコミュニケーションを重要視しています。チームメンバー全員がプロジェクトに貢献しようとする姿勢が、結束と対話を劇的に促進させ、さらに仕事の効率化や流れの最適化、損失の削減を通して、チームの成長のもとになります。

参考文献［CHISEL］［NETSOLUTIONS］

2.2 開発手法の適用状況

アジャイル開発には多くの手法があり、どの手法が利用されているかは気になりますが、北米をはじめ欧州、アジア他世界各地域の企業等を対象に Digital.ai 社が調査をして結果が公開されています。執筆時点での最新の 2021 年度の調査結果である「15th State of Agile Report」の 1 データをご参考までに掲載させていただきます。

ここに見られるように、スクラム開発およびスクラム開発から派生した手法が全体のおよそ 81% とスクラム開発関連の利用が大部分を占めている状況であり、現在最もよく利用されているアジャイルの開発手法は本書の主題のスクラムであるといえます。スクラム開発については次章以降で詳しく説明します。

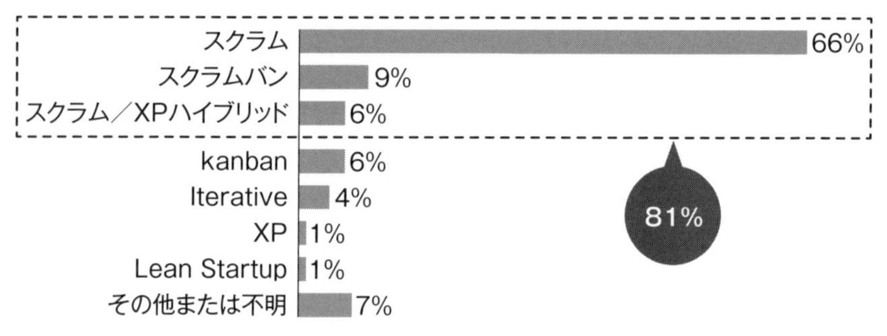

図 2-1　アジャイル開発で採用されている開発手法の比率 [DIGITAL] より

第3章

スクラム開発

本章では、本書のテーマであるスクラム開発について、その理論やフレームワークの概要と構成要素、スクラムフレームワークを用いた開発の流れについて説明します。当社で実践しているスクラム開発の具体的な進め方は「第2部　開発の現場」で説明します。

3.1 スクラム開発とは

2020年に公開された、本書執筆時点で最新の**スクラムガイド**[KEN & JEFF20]によると、**スクラム開発の定義**は、

> **複雑な問題に対応する適応型のソリューションを通じて、人々、チーム、組織が価値を生み出すための軽量級フレームワーク**

とあり、このフレームワークは「意図的に不完全なものである」と謳っています。つまりはフレームワークの中身の作業手順やルールについてはスクラムチームが決定し進めていくことになり、当社においても開始前に作成する**プロジェクト計画書**（「第6章　計画・立ち上げ」参照）にこの手順が正しく記載されているかをプロジェクト関係者（部門管理者および品質管理部門）において、確認しています。

3.2 スクラム開発の理論

スクラム開発の理論では、知識は経験から生まれ、意思決定はモニタリングに基づいた事柄から判断されるという、いわゆる人間的な「**経験主義**」が重要です。また、「**リーン思考**」と呼ばれる無駄を省き本質に集中することも必要とされています。

3.4.2.2 項で述べますが、スクラム開発では**スクラムイベント**と呼ばれる 5 つのイベントを用いて要求に対応します。5 つのイベントを効果的に機能させるために、経験主義の 3 本柱である透明性・検査・適応を実践することが必要です（**表 3-1** 参照）。

表 3-1　スクラム開発における経験主義の 3 本柱

3 本柱	内容
透明性	プロセスや作業は、作業を実行する人とその作業を受け取る人に見える必要がある 透明性の低い成果物は価値を低下させ、また誤解を招く原因にもなり結果的にムダとなる可能性がある
検査	短いスプリント期間に課題やリスクを早期に発見するため、スクラム開発の成果物と、合意したゴールに向けた進捗状況は頻繁かつ熱心に検査されなければならない
適応	プロセスのいずれかの側面が許容範囲を逸脱していたり、成果となるプロダクトが受け入れられなかったときは、適用しているプロセスや製造している構成要素を調整する必要がある

［KEN & JEFF20］より抜粋

3.3 スクラム開発の価値基準

スクラム開発が成功するかどうかは、スクラムガイドにある確約・集中・公開・尊敬・勇気という5つの価値基準を実践できるかどうかにかかっています。

スクラムガイドに記載されている**スクラムの価値基準**それぞれの意味について、表3-2にまとめます。

表3-2　スクラムの価値基準

価値基準	意味
確約 (commitment)	スクラムチームはゴールを達成するため、お互いをサポートする
集中 (focus)	スクラムチームは、ゴールを達成するため、スプリントの作業に集中する
公開 (openness)	スクラムチームとステークホルダーは、仕事や課題と、その遂行の様子を公開しなければならない
尊敬 (respect)	スクラムチームのメンバーは、お互いに能力のある独立した個人として尊敬し、周りからも尊敬されなくてはならない
勇気 (courage)	正しいことをする勇気や、困難な問題に取り組む勇気を持つ

［KEN & JEFF20］より抜粋

3.4 スクラム開発の流れとフレームワーク

スクラム開発のフレームワークは、定められたプレイヤー(役割）とイベントおよび成果物（プロダクト）で構成される開発の進め方の基本的な枠組みです。本節では、スクラム開発の流れと、スクラム開発のフレームワークを構成する各要素について説明していきます。

3.4.1　スクラムによる開発の流れ

スクラム開発では、スプリントと呼ばれる期間での開発を反復することを続け、機能を漸増的に追加させていくことによりプロダクトを完成させるのが大きな特徴です。図3-1にスクラム開発の流れとスプリントの概要を示します。

3.4.2　フレームワークの構成要素

スクラム開発のフレームワークの構成要素としては、スクラムのプレイヤー、スクラムイベント、スクラムの成果物の３要素があります。以下にそれぞれについて説明します。[IPA_81485]

3.4.2.1　2つのスクラム開発のプレイヤー (スクラムチームとステークホルダー)

スクラム開発のプレイヤーは図3-2のようにスクラムチームとステークホルダーに大別されます。

スクラムチームは実際にスクラムで開発をする人々です。メンバーにはプロダクトオーナー、開発者、スクラムマスターの３つのいずれかの役割が与えられます。これら３つの役割が１チームとして協働することで、大きな開発効果を創出します。

１つのプロダクトに複数のスクラムチームを構成する場合もあります。その場合でもプロダクトオーナーは１つのプロダクトに対して１名です。スクラムマスターは各チームに個別に存在しても良いです

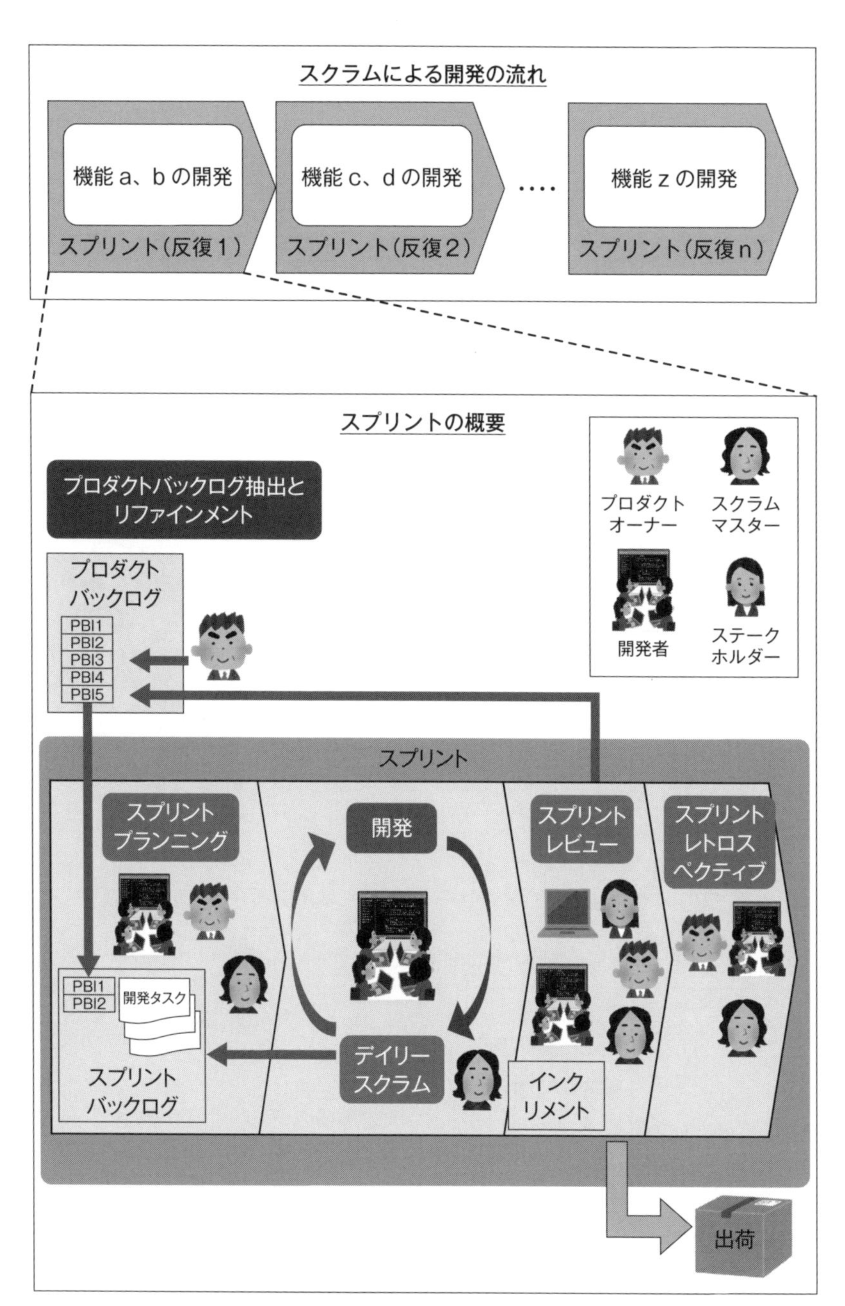

図 3-1　スクラム開発の流れとスプリントの概要

し、1名が複数チームを兼任しても良いですが、各スクラムチームにおいてその役割を十分に果たせる必要があります。開発者は開発規模に応じて各スクラムチーム内に標準で3～9名とします。

ステークホルダーは、そのプロダクトに対して利害関係を持つスクラムチーム以外の人で、プロダクトオーナーへ要求を伝えたり、完成したプロダクトに対するフィードバックを行う役割を持ちます。

スクラム開発のプレイヤーの役割については（独）情報処理推進機構（IPA）の「アジャイル開発進め方の指針」[IPA_81487]によくまとまっており、当社はそれを参考にしています。

スクラム開発のプレイヤーの役割を**表3-3**にまとめます。

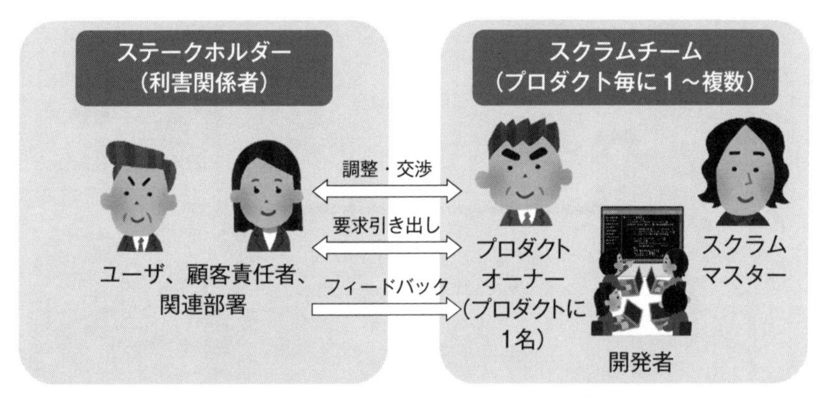

図3-2　2つのスクラムのプレイヤー（ステークホルダーとスクラムチーム）

表3-3　スクラム開発のプレイヤーの役割（1/2）

役割	概要	任務の詳細
プロダクトオーナー	何を開発するか決める人 ＜1プロダクトに1名＞	プロダクトに必要な機能を定義し、その機能を含む要求事項の優先順位付けを行い、後述するプロダクトバックログへリスト化する。プロダクトバックログへの追加、削除、優先順位付けの責任者であり、機能や開発の優先順位の最終決定権を持つ。また、スクラムチームのメンバー全員にプロダクトゴールを示し、要求事項を説明する。

表 3-3　スクラム開発のプレイヤーの役割（2/2）

役割	概要	任務の詳細
開発者	実際に開発する人々 <スクラムチームに複数名>	実際に開発を行う人々である。プロダクトバックログの項目をリリース可能な成果物として完成させることに責任を持つ。スプリント計画においてはその中心となり、要件の見積りやスプリントゴールの確約、作業の具体化を実施する。スクラム開発では、ビジネスアナリスト、プログラマ、テスター、アーキテクト、デザイナーなどの明示的な区分けはなく、機能横断的なさまざまな技能を持った人がプロダクトを中心に集まり、指示を待つようなことはせずに自律的に行動する。
スクラムマスター	スクラムをうまく回すことに責任を持つ人 <スクラムチームに1名>	スクラム開発をうまく回し生産性を高めることに責任を持つキーパーソンである。スクラムチームの各メンバーが自律的に協働できるように、場作りをするファシリテータ的な役割を担い、時にはコーチとなってメンバー個々の相談に乗ったり、開発者が抱えている問題を取り除いたりする。開発者を外部からの割り込みから守り、開発の障害を取り除くために外部との交渉も行う。開発のやり方に関しては、スクラムマスターが細かい指示を出すことはしない。
ステークホルダー（利害関係者）	プロダクトに関する要求を伝える人	プロダクトのユーザーや顧客など、自社プロダクトの場合は、社内の事業責任者や営業部門など、プロダクトに対して利害関係を持つスクラムチーム以外の人を指す。プロダクトに関する要求は、プロダクトオーナーに伝える。スプリントレビューに参加してプロダクトに対してフィードバックを行うことが可能で、プロダクトの価値を高めるうえで、重要なキーパーソンとなる。

3.4.2.2　スクラムイベント

スクラム開発には表3-4のように5つのイベント「**スプリント、スプリントプランニング、デイリースクラム、スプリントレビュー、スプリント・レトロスペクティブ（ふりかえり）**」が定義されています。

スプリントという反復とそこに内包されるその他の**スクラムイベン**

表3-4　スクラムイベント

イベントの名称	説明
スプリント	スプリントとは、開発の1反復のことをいう。1つのスプリントの長さは標準で1ヵ月以内の固定長で、作業完了の有無にかかわらず具体的な期日で終了し、次のスプリントへ進む。スプリント周期の長さや反復の回数については、契約の段階で顧客との話し合いにより決定していくが、開発対象に応じた適切な開発サイクルとなるようにする。
スプリントプランニング	スプリントプランニングでは、プロダクトオーナーから提示されるプロダクトバックログをインプットとして、今回のスプリントで開発する開発要件を選定し、スプリントのゴールを定め、その実現に必要な作業（タスク）を洗い出し、実施計画を具体化する。（「7.1　スプリントプランニング」参照）。
デイリースクラム	デイリースクラムとは、スプリント中、開発者が毎日進捗を確認し、今後の計画の調整をする（「7.3　デイリースクラム」参照）。
スプリントレビュー	スプリントレビューとは、開発者が当該スプリントの成果物であるインクリメントを実際に動作させて、ステークホルダーへプレゼンテーションをする場である。（「7.6　スプリントレビュー」参照）。
スプリント・レトロスペクティブ	スプリントレビュー後に、当該スプリントについてふりかえりを行う。このイベントをもって、当該スプリントを終了し、次のスプリントへ進む（「7.7　スプリント・レトロスペクティブ」参照）。

トを一定の期間で繰り返す中で、**表3-1**のスクラム開発の経験主義の3本柱（透明性、検査、適応）を実践しています。

3.4.2.3　スクラム開発の成果物

表3-5はスクラム開発の状態や結果を表したものであり、これを見ることによりスクラム開発の進行状況がわかります。**プロダクトバックログ**、**スプリントバックログ**、**インクリメント**があります。

表3-5　スクラム開発の成果物

成果物の名称	説明
プロダクトバックログ	開発するプロダクトに必要な機能（要求事項）のリストを指す。プロダクトゴール（**表3-6**参照）を目指していくためのアイディアのリストともいえ、顧客のわかる言葉で書かれ、優先順位付けされて並んでいることが重要である。このリストはプロダクトオーナーが管理するものであり、プロダクトの開発中は、要求の変化に応じて変化し続ける。
スプリントバックログ	当該スプリントをなぜ行うかを記述したスプリントゴールと、プロダクトバックログに含まれる要求事項のうち、優先順位の高いものから選定された、当該スプリントでの開発対象となる要求事項（プロダクトバックログアイテム）と、それを実現するために必要なタスクを列挙したリストから構成。スプリントプランニング（「7.1　スプリントプランニング」参照）でプロダクトオーナーの決めた優先順位と開発者が提示した見積りの両方の情報をもとに作成され、作成されたスプリントバックログは一回のスプリントにおいてのみ使用される。
インクリメント	スプリント終了時においての動作するプロダクトを指す。スプリントバックログに含まれる要求事項がすべて開発終了し、完成の定義（**表3-6**参照）を満たしたときにインクリメントとなる。プロダクトオーナーはそのプロダクトをスプリントレビューで確認して、実際にリリースするかどうかを判断する。

上記の3つの成果物には、それぞれが目標とするゴールである「**確約（コミットメント）**」が定義され（**表3-6**参照）、これをもとに進捗を測定します。

- ・プロダクトバックログのための**プロダクトゴール**
- ・スプリントバックログのための**スプリントゴール**
- ・インクリメントのための**完成の定義**

表3-6　確約（コミットメント）

確約（コミットメント）の名称	説明
プロダクトゴール	プロダクトゴールは、プロダクトの最終の状態を表しており、スクラムチームが目指す最終的な目標であり、計画のターゲットになる。プロダクトゴールはプロダクトバックログに含まれる。プロダクトバックログの残りの部分は、プロダクトゴールを達成する「何か（what）」を定義するものである。
スプリントゴール	スプリントゴールはそのスプリントでの達成目標であり、開発者が達成を確約するもの。スプリントプランニングで作成し、スプリントバックログに記述する。スプリントゴールはスプリント中に変更しないが、これを達成するために必要となる作業内容は変更することができる。例えば作業が予想と異なることが判明した場合は、スプリントゴールに影響を与えない範囲で、プロダクトオーナーと交渉してスプリント中であってもスコープ（開発範囲）を調整する。
完成の定義	完成の定義とは、プロダクトのリリース基準のこと。スクラムチームのメンバー全員で合意した、すなわち顧客の同意を得たものであり、プロダクトに適した完成の定義としてスクラムチームが作成する。開発者はこれに準拠して開発を行い、スプリントの成果物として完成の定義を満たしたインクリメントを生成する。完成の定義を満たしていないものはリリースすることはできないし、スプリントレビューで検査することもできない。

3.5 スクラム開発の進め方

図3-1に示したスクラム開発の流れとスプリントの概要に基づいて、スクラム開発の進め方を簡潔に、コツを含めて説明します。

(1) プロダクトバックログの抽出とリファインメント

スクラム開発を開始するにあたっては、開発するプロダクトに必要とされる機能（**要求項目**）をあらかじめ抽出し、スクラム開発の各プレイヤーはそれを認識しておきます。この抽出された要求項目をリスト化したものが**プロダクトバックログ**です。要求項目の抽出およびプロダクトバックログの管理はプロダクトオーナーが主体となります。プロダクトオーナーは、ユーザーや顧客がプロダクトにより実現したいこと（**ユーザーストーリー**）をもとに、要求項目を優先度の高い順にプロダクトバックログへ抽出していきます。

要求項目は、直近のスプリントの開発対象にできる程度にはプロダクトバックログに記載されている必要がありますが、はじめからすべての要求項目を記載する必要はありません。

スプリントで開発を実施する要求項目の決定は、最終的にはプロダクトオーナーの判断によります。プロダクトオーナーはステークホルダーの要求なども取り入れつつ、プロダクトの価値を最大化することを念頭に要求項目に優先順位を付けていきます。

プロダクトバックログに含まれる項目に対して、詳細の追加、見積り、並び替えをすることをプロダクトバックログの**リファインメント**と呼びます。リファインメントはプロダクトオーナーと開発者が協力して行うプロセスで、実施頻度やタイミングには決まりがなく、スプリント中の任意のタイミングで実施できますが、スプリントレビューでのフィードバックにより要求項目の追加や優先度変更が行われる場合や、次のスプリント向けの事前準備として、要求項目を詳細化する場合などに実施します。

(2) スプリントプランニング（計画：スプリントごとに原則1回）

スプリントプランニングとは各スプリントのはじめにスクラムチームが行うもので、プロダクトバックログから当該スプリントでの開発対象とするいくつかの要求項目を選びます。要求項目は優先するものから選定するものとし、またその開発量を見積ったうえで、当該スプリントの期間内で開発できる量を選択します。開発者は、選択した各々の要求項目を**タスク**に分解し、当該スプリントの作業を具体的に計画し、選択したすべての開発項目をスプリントの期間内に完了させることを約束します。

(3) スプリント内の開発業務と成果物（インクリメント）の完成

実際の開発作業であり、各要求事項に対して、設計、実装、テストの各タスクを計画に従い実施します。各開発メンバーが得意分野を活かしつつ、互いに協働して開発を進めることが重要です。開発者は完成の定義に準拠して開発を行い、スプリントの**成果物**である**インクリメント**を完成させます。

(4) デイリースクラム（毎日繰り返す）

スプリントがはじまると、開発者は毎日対面やWebで集まりミーティングを行い、手短に進捗を確認し、残りのタスクを終わらせるのに必要な作業を調整します。このことを**デイリースクラム**と呼びます。開発の障害となっていることがあればその解決策を議論し、自分達で解決が困難な場合には、スクラムマスターの手助けを仰ぎ別途解決します。これを当該スプリントが終わるまで毎日繰り返し実施します。

(5) スプリントレビュー（検査：スプリントごとに原則1回）

当該スプリントでの要求項目の開発が完了すると、スプリント終了間際に、スクラムチームはステークホルダーとともに、**スプリントレ**

ビューを行います。スプリントレビューでは、開発したインクリメントにフォーカスし、これを実際に動作させて検査をします。そこで参加者は、プロダクトゴールに向けた進捗について話し合うとともに、次のスプリントに向けたフィードバックを得ます。これにより必要に応じてプロダクトバックログを調整します。スクラム開発では、スプリント終了時に、実際に動作するインクリメントが確実に「完成」していることが必要であり、統合されたコードが十分にテストされていて、リリース可能な状態であることを意味します。スクラムガイドでは、「スプリント終了前にインクリメントをステークホルダーにデリバリーする可能性もある。スプリントレビューのことを価値をリリースするための関門とすべきではない」としていますので、スプリントレビューの実施がリリースの前提ではないということになりますが、一般にはスプリントレビューを経てリリースするケースが多いものです。

(6) スプリント・レトロスペクティブ（ふりかえり：スプリントごとに原則1回）

スプリントの最後には、スプリントのふりかえりである**スプリント・レトロスペクティブ**を実施して、今回のスプリントでの問題点や良かった点を話し合い、次のスプリント以降での改善につなげていきます。スプリント・レトロスペクティブでは、スクラムチームの動きや開発のプロセスにフォーカスをします。

参考文献［KEN & JEFF20］

第4章

スクラム開発での契約

前章まで述べてきたように、スクラムによるシステム開発ではその開発スタイルがウォータフォール開発とは大きく異なります。そのため当社においてもスクラム開発を採用する開発契約にウォータフォール開発の契約にはなかったさまざまな注意点、確認しておくべき事項がありました。本章ではスクラムでの開発委託契約にあたっての契約当事者双方のチェック項目についてまとめ、（独）情報処理推進機構（IPA）が策定、提唱する**モデル契約書**および、当社での契約事例も紹介します。

4.1 契約の前に

当社は、開発の依頼を受けた際の初期打合せに重きを置いています。変更が容易といえるスクラム開発でも油断はできません。また、スクラム開発では、ほかの開発手法に比べると顧客が決定をする場面が多いため、顧客へスクラム開発へのある程度の理解をお願いしています。そして、スクラム開発であっても、開発に関する取り決め（契約）が必要なのは他の開発手法と同じです。そこで契約の前には、以下のような点を顧客とディスカッションする場を持つようにしています。

・互いのスクラムに対する考え方の一致（場合によっては、最小限のトレーニング）
・スクラム開発の適用の適否（場合によっては、他の開発手法の適用）
・開発対象システムのイメージのかたまり具合
・適切な役割分担

4.2 契約形態について（請負契約と準委任契約）

広く知られている通り、ソフトウェア開発委託の契約形態のうち、**請負契約**は開発前に要求仕様を決め、仕様に従って開発し、定められた納期に成果物を納入し検収を受けるという流れで契約が完結します。受託者である開発企業には**成果物完成義務**と**瑕疵担保責任**が発生します。一方**準委任契約**では、契約により定めた期間、契約した業務を誠実に実行することを受託者である開発企業が約束するもので、開発に従事するメンバーの数と従事する時間数に応じた費用が契約期間中に発生し、期間の満了により契約が完結します。請負契約とは違い、機能の完成義務および瑕疵担保責任は負わないものの、「**善管注意義務**（善良なる管理者の注意義務）」を負います。当社もその義務を認識して全力で業務にあたっています（世の中一般もそうであろうと思います）。

請負契約では、要求仕様自体の変更が無いことを前提としているため、柔軟な変化を受け入れ、ビジネスの要求に応じて仕様変更にも対応していくスクラム開発とは基本的には相性が良くないと考えられます。一方、仕様に基づく成果物完成義務がない準委任契約では仕様の変更に対応しながら開発をしていくことも問題なくできます。こういった意味から、契約の段階で仕様がはっきりと定まっていない、要求仕様の変更を受け入れながら進めるスクラム開発には準委任契約が適しているため、当社では準委任契約を推奨しています。

スクラム開発の際の契約には、準委任契約を推奨しているものの、顧客と相談のうえ、変更するケースが存在します。他の契約形態として、プロジェクト全体に共通する事項を定めた**基本契約**を締結したうえで、フェーズや状況に応じて複数の**個別契約**（請負契約か準委任契約）を組み合わせて使い分けるという契約も想定できます（図 4-1 参照）。例えばプロジェクトの初期フェーズでは準委任契約としておき、顧客と当社双方のコミュニケーションや相互理解が深まった段階から請負契約に切り替えるという運用も可能です。

当社で実施したスクラム開発に多くみられる契約形態の例とその契約形態別に見た特徴と留意点を表 4-1 に示します。ただし、準委任契約と請負契約のハイブリッド契約や、請負契約でスクラム開発を実施した経験が当社にはまだありませんが、今後の可能性も含めて留意点としてまとめておきます。

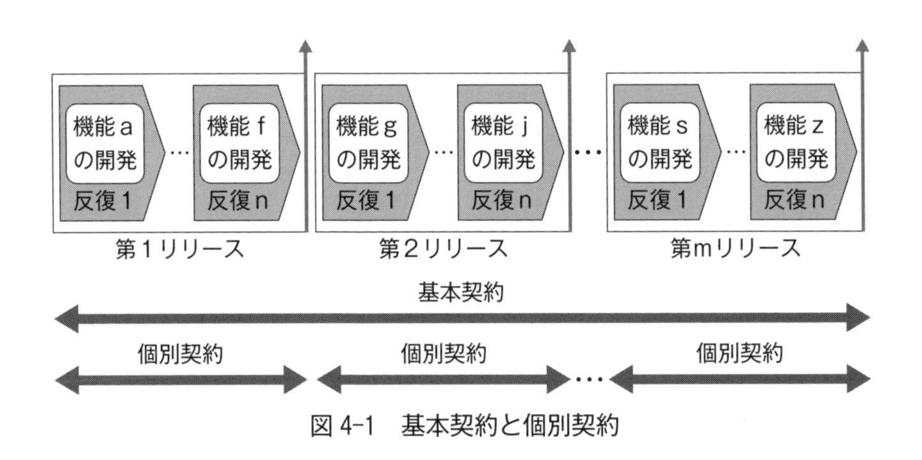

図 4-1　基本契約と個別契約

表 4-1　スクラム開発における契約形態別の特徴と留意点

契約形態	特徴と留意点
準委任契約 ～実績精算型	・時間単価、上限金額を定め、稼働実績により精算 ・改善や変更に素早く対応可能で、スクラム開発に適している ・超勤が多くなる傾向がある ・当社が善管注意義務に違反するかどうかの判断が顧客には難しい ・全般的に当社のリスクは少ない
準委任契約 ～定額型	・所定の期間（数ヵ月）で定額の準委任契約を繰り返す ・改善や変更に素早く対応可能で、スクラム開発に適している ・超勤は当社にとり減益となるため、稼働の予算管理が必要 ・スプリント計画の見積りを間違うとコストオーバーとなる ・顧客とのきめ細かい作業の管理が必要となる
請負契約	・確定した仕様に対しては、約束した費用と納期で納品され、顧客の費用超過リスクは抑えられる ・仕様変更を繰り返すスクラム開発には向かない（仕様変更が多発し管理が煩雑になるうえ、納期に完成品が納品できなくなるリスクがある）
準委任と請負の ハイブリッド ～準委任→請負	・初期段階は準委任契約で実施、ある程度の要求仕様が定まった機能から機能単位に請負契約をして開発 ・請負契約での対応範囲は改善や変更が即座にできないため、試行錯誤を前提とする開発には向かない ・準委任契約の作業範囲と請負契約の作業範囲は明確に切り分ける必要がある ・請負契約期間は変更管理が必要となる ・契約手続きが煩雑になる ・ウォータフォール型の初期段階の上流工程から参画するケースに類似している

4.3 顧客と当社の役割分担

スクラム開発をスムーズに進めるうえで、顧客との関係性において重要なのは、発注者－受注者の関係ではなくリスクをシェアし合いながら一つのチームとして一体となって協働する、言い換えれば発注者－受注者の関係ではなく、互いがフラットなパートナー関係を築いてともに目標を追求することだと当社は考えています。ゆえに契約において役割分担を明確にし、当事者双方がお互いの役割を認識して協力していくことが重要ということを顧客との協働における指針としています。

スクラムチームの体制は、**表4-2**のように顧客と当社で役割を分担して構築しています。プロダクトオーナーは顧客側から人員を選任することを原則としており、過去の事例においては、顧客からの要請により、プロダクトオーナーを当社の人員が務めることもありましたが、通常は行っていません。

表4-2　スクラムにおける顧客と当社の役割分担

	役割	顧客	当社	補足
スクラムチーム	プロダクトオーナー	○		プロダクトオーナーは顧客がアサイン
	スクラムマスター		○	スクラムマスターは当社がアサイン
	開発チーム	○	○	開発チームはプロジェクト特性に応じて双方からアサイン。当社の過去の事例では顧客からアサインがないことがほとんどである。

［IPA_81487］より当社向けに改変

4.4 契約前チェックリスト

スクラム開発を円滑に進めるため、契約締結に先立ちその前提が揃っているかを確認したうえで契約を進めることが望ましいと考えています。当社では、開発を進めるために必要な条件の充足性を契約前に確認するため、顧客とともに**契約前チェックリスト**を用いてチェックし、不足がないようにしています。

表4-3　契約前チェックリストのチェックポイント（1/2）

項目	チェックポイント
1. プロジェクトの目的・ゴール	プロジェクトの目的（少なくとも当面のゴール）が明確であるか
	ステークホルダーの範囲が明確になっているか
	目的についてステークホルダーと認識が共有されているか
2. プロダクトのビジョン	開発対象プロダクトのビジョン（あるべき姿・方向性）が明確であるか
	開発対象プロダクトのビジョンについてステークホルダーと認識が共有されているか
3. スクラム開発に関する理解	プロジェクトの関係者（スクラムチームメンバーおよびステークホルダー）がスクラム開発およびその価値観を理解しているか
4. 開発対象	開発対象プロダクトがスクラム開発に適しているか
	1チーム（最大で10名程度）にて開発しきれる規模であるか

表 4-3　契約前チェックリストのチェックポイント（2/2）

項目	チェックポイント
5. 初期計画	プロジェクトの初期計画が立案されているか
	プロジェクトの基礎設計が行われているか
	完了基準、品質基準が明確になっているか
	十分な初期バックログがあるか（関係者間で初期のスコープの範囲が合意できているか）
6. 本契約に関する理解	本契約が準委任契約であることを双方とも理解しているか
7. 体制と役割の理解	顧客と当社の役割分担を双方が理解しているか
	今回のプロジェクトにおける体制を双方理解しているか
8. 顧客の体制	適切なプロダクトオーナーを選任し、権限委譲ができるか
	顧客はプロダクトオーナーへの協力ができるか
9. 当社の体制	スクラム開発の経験を有するスクラムマスターが選任できるか
	必要な能力を有する開発チームを構成できるか
	開発チームを固定できるか

［IPA_81485］より本書向けに改変

第2部

開発の現場

第2部では、スクラムによる開発を進めるうえで当社が使用している**開発標準**を説明します。ここに記載する内容は標準的な進め方を記載したガイドラインであり、当社のスクラム開発プロジェクトにおいては、記載事項のすべての適用を求めるものではなく、指針、手引きとして活用することを現場に推奨しているものです。ソフトウェア開発の現場で働いている方々の理解が進むものとなるよう、詳細にお話ししていきます。

(1) 対象

本ガイドラインは、ソフトウェア開発をスクラムで実施するプロジェクトを対象としています。各々のプロジェクトの特性により本書に記載の運用ができないプロセスなどについては、各プロジェクトで定めるプロジェクト計画書を優先し、これに従い実施することとしています。

(2) スクラム開発プロジェクトの全体概要

スクラム開発プロジェクトの受注から終結までの流れを次ページの図に示します。当社のプロジェクトは概ねここに記載の流れに沿って実行されています。次章よりこの流れに沿って当社のスクラム開発の進め方を説明します。

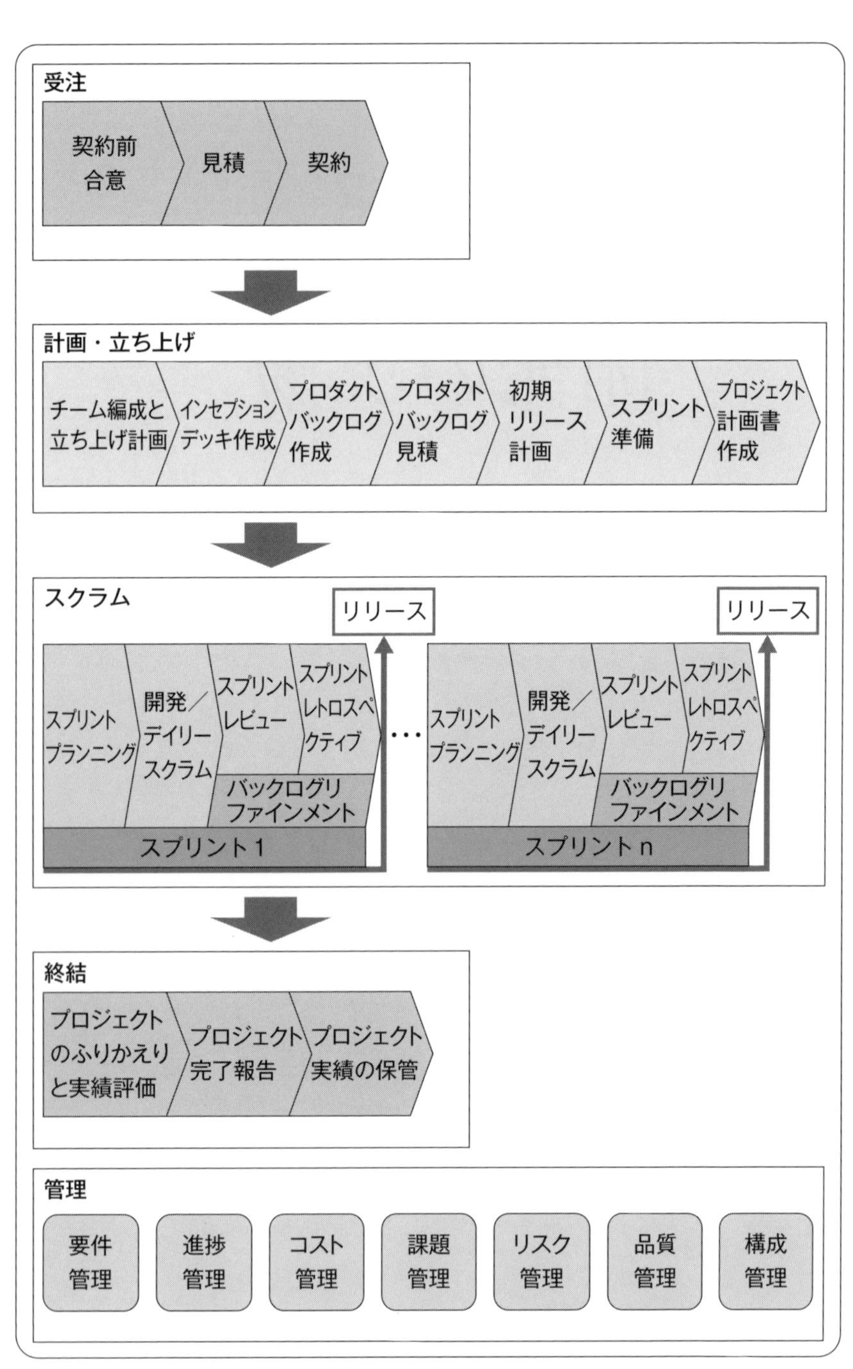

図　スクラム開発プロジェクトの受注から終結までの流れ

第5章 受注

本章では、スクラム開発の案件を受注するにあたり、顧客との間で交渉し合意する事項、および見積り、契約締結へと進める中で実施している社内手続きとチェック事項についてまとめます。

5.1 契約前の合意および確認事項

「4.1　契約の前に」でも少し触れましたが、ここでは当社がスクラムによる開発の案件を受注する前に顧客と合意している事項や確認を実施している事項についてもう少し踏み込みます。

5.1.1 プロジェクトのビジョン（構想）の共有

スクラム開発案件においては多くの場合、顧客は作るべきプロダクトの機能詳細をイメージしきれていませんが、納品物に機能の不足があれば当社は契約違反に問われかねません。そのため、顧客が求めることの大枠は外さないように、「プロジェクトのビジョン（構想）の共有」を重要視しています。ビジネスゴールや開発の全体スケジュールについて契約前に確認して、顧客のビジョン（構想）を把握しておくようにしています。

(1) ビジネスゴール（案件の目的）

顧客からこのプロダクトによって実現したいと意図しているビジネス成果について説明をしていただき、明確な理解をしておきます。

(2) プロダクト開発の全体スケジュール

最終的なプロダクトリリース計画や中間目標を含む全体スケジュールを確認し、共有します。細かい単位ではスクラム開発の中で計画変更されることも多いと想定していますが、最終的なリリース時期や特に重要な機能のリリースなど、主要なイベントについての時期を可能な範囲で共有しておきます。

5.1.2　スクラム開発への理解の確認

発注者である顧客が本書に記載されている程度にスクラム開発への理解を有していることが、スクラム開発を進めるうえでの必須条件といえます。契約の当事者双方がスクラム開発への基本的な理解をしておかないと、開発のプロセスが適切に進まず、失敗に終わる**リスク**があるためです。そうしたリスクを避けるため、スクラム開発における以下の事項への顧客の理解度を確認するようにしています。

とはいえ実際のところ、当社の経験では、現状以下の（1）～(5）をクリアできる顧客にあまり心当たりはありません。しかしスクラム開発をスタートさせることで顧客との間で必要な事項を共有し、開発が進んでいくにつれて、顧客と一緒にチーム力を向上させていける関係になるよう努めています。

(1) 基本的な知識

アジャイルの思想やスクラムのフレームワークなどを理解していなかったり、認識に相違があるとプロジェクトがうまく進まないため、スクラム開発の基本的知識が顧客にあることを確認しています。具体的には、「4.4　契約前チェックリスト」で取り上げた契約前チェックリストを顧客と共有し、顧客とディスカッションをする中で確認していきます。

(2) その案件でスクラムを選択する理由

スクラムで開発を進めるメリットを顧客が正しく理解していることを確認しています。

特に、顧客がスクラムにコスト削減を期待している場合は、スクラム開発のメリットはコスト削減ではなく、本当に必要とする機能を迅速に提供し、その都度改善をしていけることであり、結果として不要な機能を作りこむことが無いことをご理解いただくようにしています。

(3) その案件はスクラム開発が可能か

スクラム開発が実施可能な案件であることを確認するポイントは以下の通りです。

- 開発のフレームワークをスクラムとすることで顧客と合意すること
- 10名以内の1スクラムチームで開発できる規模であること（11名以上となる場合：当社中心でスクラムチームを構成した場合においては11名以上となる案件は今まで発生していません。もし11名以上となる場合、分割し、複数のスクラムチームを構成します。そのため、複数のスクラムチームと連携し、推進のできる管理体制がとれるかを確認する必要があることを、顧客に説明します。また、基本的には、スクラムチームが複数になることは避けるようにしています）
- スクラムの各イベントに必要な参加者（ステークホルダーなど）を調整してもらえること

(4) 顧客組織の協力体制

顧客側の体制に関しては以下の点を確認しています。

- 顧客がより深いレベルで開発に関わる意思を持っていること
- プロダクトオーナーに即断即決できるような権限を持たせているか
- プロダクトオーナーをサポートする体制があるか

(5) コミュニケーション

スクラム開発を進めるうえで、顧客、ステークホルダーとのコミュニケーションがタイムリーかつ密接にとれる状況である必要があり、以下の点を確認しています。

・プロダクトオーナーと開発者が即時にコミュニケーションを取りあえる環境で開発を進めることができること（同一作業場所が望ましいが、テレワークなども活用）
・ステークホルダーからプロダクト開発をするうえで必要な情報の開示、提供（プロダクトに対するフィードバック含む）がスクラムチームへ適時に行われること

5.1.3 体制と役割の合意

スクラム開発を進めるうえでの顧客の役割、当社の役割、開発体制の構築に関して、事前に以下の点で合意を得るようにしています。

(1) プロダクトオーナー

適切なプロダクトオーナーを原則として顧客側がアサインできること

(2) スクラムマスター

適切なスクラムマスターを当社もしくは顧客からアサインできること。どちらがアサインするかを合意しておきます。

(3) 開発者

開発者は当社のみがアサインする場合が多いですが、顧客からも開発者がアサインされるケースがあります。開発者の構成について事前に顧客と協議し、合意しておくようにします。

- スクラム開発を推進する能力に加え、対象プロダクト開発に必要な技術要素を全体として備えた開発体制が組めること
- スプリントを繰り返す中で成長していく想定のため、なるべく開発者を固定できること
- 当社が再委託をする場合には、顧客から再委託の合意を得て、再委託先の能力を慎重に検討したうえで、再委託をする

(4) ステークホルダー

ステークホルダーからのフィードバックやプロダクトの要求に対する理解を助けるための協力はプロダクト価値向上のために不可欠です。プロダクトに関して適切なフィードバックができるステークホルダーがいるか、プロジェクトに協力的かなどについて、顧客に確認しておくようにしています。

5.1.4 資料・設備・成果物の確認

開発を進めるうえで必要となる顧客からの提供物や作業場所、成果物として顧客が必要とする**ドキュメント**について確認し、合意しておくようにします。

- 顧客からの提供物（開発に必要な資料、機器、設備など）を確認する
- 作業場所（顧客の作業場に集まって作業する場合、作業場所の確保）について合意する
- 顧客が必要とするドキュメント成果物を明確にする

顧客が必要と考えていない成果物であっても、開発を進めるうえで当社が必要と考えるドキュメントは作成することにも合意を得ておくようにします。

5.2 見積りおよび契約

スクラム開発案件の見積りから契約締結へと進める際に実施している社内的な手続きなどについてまとめます。

(1) 契約形態（準委任契約）

「4.2　契約形態について（請負契約と準委任契約）」でも述べましたが、スクラム開発案件での契約形態は原則として準委任契約としています。

準委任契約では、成果物完成義務と瑕疵担保責任は負いません。つまり顧客との信頼関係がなくては成り立たない契約ともいえます。「顧客との協調」を重視するアジャイルの思想に適しているともいえます。短い期間で確実に完成物をリリースすることが求められるスクラム開発では、十分に能力を備えた体制とプロダクトの完成に誠意を持って対応することが要求されます。

基本的には準委任契約としていますが、準委任契約ではなく請負契約を顧客が要請する場合は、十分にそのリスクおよびリスク対策を検討し、受注可否を見極めることにしています。

(2) 見積り

スクラム開発では原則準委任契約となるため、見積りは開発規模ベースの見積りではなく、決まったスプリントの期間内での投入人工ベースの見積りとしています。以下のような、従来の準委任契約での見積り方法に準じた見積り方法です。

- 投入工数 × 単価（スキル別単価）などの方式により受注額を算定する
- 精算条件、検収条件なども事前に認識を合わせたうえで見積書に明記する

(3) 見積委員会による諮問

当社では顧客への見積り提示の前に、見積り内容の確認とともに、その案件が持つリスクを想定し、リスクヘッジ策を検討し、その深刻度をもとに組織的に受注可否の判断をする「**見積委員会**」を組織して運用しています。そこでは、「**見積リスク評価表**」というリスクチェックシートを使用して、想定されるリスクを明示化し、リスクを評価しています。こうしたことは、他の各社も同様に行っていることと想像します。

スクラム開発の受注に際しては、以下のような運用で見積り提出の前のリスク検討、受注可否の審議を実施しています。

① 案件受注リスク検討時の考慮（案件受注リスクの検討においては、顧客のスクラム開発経験、当社の受託実績を考慮）

・新規取引顧客は高リスク案件としてリスクを想定し、リスクヘッジできるかを検討する

・取引実績のある顧客でもスクラム開発の受託がはじめての場合、新規取引顧客と同等に高リスク案件としてリスクを想定し、リスクヘッジできるかを検討する

・取引実績のある顧客でもスクラム開発の経験が乏しいと思われる場合、高リスク案件としてリスクを想定し、リスクヘッジできるかを検討する

② 契約前チェックおよび見積リスク評価

・契約前チェックリストによる確認の実施：案件の担当部門では、「5.1　契約前の合意および確認事項」の契約前の合意および確認事項による確認を実施する。「4.4　契約前チェックリスト」の「**契約前チェックリスト**」を利用し、事前の確認が十分かを確認し、大きな懸念材料があれば洗い出す

・見積リスク評価表による評価の実施：案件の担当部門は、「**見積リスク評価表**」により見積り時リスクの評価を実施する。特にスクラ

ム開発であることを念頭に置き評価する

③ 見積委員会での審議

見積委員会では「契約前チェックリスト」および「見積リスク評価表」を含めて報告をするとともに、それらによる評価の結果で、懸念や不足がある、リスクが高いと判定している項目について担当部門は説明し、その内容とリスク対策をもとに委員会で重点的に審議する。

(4) 契約書の雛型

契約書の雛型については、当社では（独）情報処理推進機構（IPA）により策定された「アジャイル開発外部委託モデル契約」[IPA_81486]をベースとしています。契約書は、顧客から雛型が提供される場合が多いのですが、その場合もIPAのモデル契約に照らして条項内容に不足がないかを確認し、不足があれば追加を相談するようにしています。

第6章
計画・立ち上げ

スクラム開発のプロジェクトの計画および立ち上げのプロセスでは、プロジェクトの目的に沿って、プロジェクトの諸要素の計画の実施、プロジェクトチームの編成など、スクラム開発をスタートするための基本的な枠組みを準備します。本章では、当社でスクラム開発プロジェクトを立ち上げるために実施する事項についてまとめます。

6.1 スクラムチームの編成と立ち上げ計画策定

6.1.1 スクラムチームの編成

スクラムのフレームワークを使用してプロダクト開発を進めることができるように、スクラムチームの各役割を担うメンバーをアサインし、**スクラムチームの編成**をします。ここではスクラムにおける各メンバーの役割とそれぞれの役割を果たすために必要な特性やスキル要素についてまとめます。［誉田20］［Steve20］

6.1.1.2 項に理想的なスクラムチームの編成を記載していますが、十分な経験とスキルを備えた体制を常に構築できるものとは限らず、実際にスクラムの習得は容易なものではなく、いきなりうまく進むことはほとんどありません。初期の段階では必ずしも十分な要素を備えた体制でなくても、ある程度の時間をかけ、段階を経てチームが習熟するにつれて、本来のスクラムのあるべき姿に近付けていくという考えで、チームが所属する部門の管理者が支援をしつつ進めることを求めています。

6.1.1.1 スクラムチームのメンバーと役割と業務

スクラムチームには、プロダクトオーナー、スクラムマスター、および開発者という3つの異なる役割にメンバーをアサインします。そして、スクラムチームは同じプロダクトゴールを共有する一つのチームとして編成されます。

基本となる役割と業務は以下の表の通りです。

表6-1　スクラムチームの役割と業務

役割	人員数	主な業務
プロダクトオーナー*1	1名	・プロダクトの責任者 ・スクラムにおいて要求定義に責任を負い、プロダクトバックログを管理する ・スクラムチームにより提供される価値を最大化する ・ステークホルダーとスクラムチームの橋渡し役
スクラムマスター	1名	・スクラムのプロセスを回す人 ・規律正しいプラクティスを確実に実践させることに責任を負う ・プロセスを管理し、必要に応じてプロセスを実行に移し、妨害を取り除き、スクラムチームの他の役割の指導と支援を行う ・チームや組織がスクラムの理論、プラクティス、全般的なアプローチを理解できるように手助けする
開発者	3～9名程度	・完成の定義に従い、リリース可能なプロダクトを作ることに責任を負う人々 ・機能横断的なメンバーで構成され、それぞれプロダクトバックログアイテムを実装するために作業を行う

*1 当社ではプロダクトオーナーは顧客がアサインすることを基本としている。

6.1.1.2 スクラムチームに求められるもの

筆者らが所属する品質管理部門からは、スクラムチームに「スクラムでのプロダクト開発に必要となる作業を実行するためのすべてのスキルと経験をチーム全体として備えている（または共有、習得できる）」ことを求めていますが、必ずしもそのようにならないことが当社では多い（多くのITベンダーも同じ悩みを抱えているのではないかと想像できる）ため、開始前の教育・研修や社内有識者からの技術トランスファーなどにより不足を補うようにしています。

当社が理想としている、スクラムチームに持ってほしい特性とスキル要素について以下にまとめます。

(1) 自己管理型であること

自己管理型とは、誰が何を、いつ、どのように行うかをチーム内で決定することができることであり、自己管理できるチームのことを「自己組織化されたチーム」と呼んでいます。スクラムチームには、プロダクトの要件の詳細、技術的な課題、実施プロセスなど、その作業について自分たちで考え、判断し、行動することを求めています。

(2) 機能横断型であること

機能横断型チームとは、特定の目的を成し遂げるために、複数の部門や職位などから、多種多様な経験・スキルを持った異なる機能分野のメンバーが集まり、編成されたチームのこととされています。当社が受託した開発案件の場合、実態としてスクラムチームのメンバーは同じ部門の人員で編成することが多く、異なる部門や機能分野のメンバーで編成されることが少ないというケースもあります。

(3) 全体として備わっていく専門性

スクラムチーム全体として、目的とするプロダクト開発を実現できるスキルを備えるということは、それを可能とするメンバーでチームが編成されていることが求められることになります。それに加え、開発するプロダクトに応じた以下の専門性を持つ者がメンバーになっているとなおよいと考えています。

・ユーザーの要求を理解し、プロダクト価値を高めるプロダクトオーナー
・スクラム実践の専門家であるスクラムマスター
・対象プロダクトに必要な技術分野の知識と開発経験を持つ開発技術者
・対象プロダクト、または類似するプロダクトの経験を有するテスト技術者
・技術文書、取扱説明書など文書作成の経験者
・その他のプロダクト関連分野のエキスパート

上記は理想的な編成ですが、実際は不足しているスキルなどはスクラムチームの外部からのサポートやメンバー同士で不足部分を補いあって進めています。スプリントを反復していくことで、目的のプロダクト開発のための全体のパフォーマンスは上がり、理想に近づいていくものですので、必ずしも開発の最初から理想的なメンバーを集める必要はありません。これもスクラム開発の特徴です。

6.1.1.3　スクラムチームメンバーの選出、必要な特性とスキル

上記でスプリントの反復により理想に近づいていくとしましたが、基本的には以下の考えによります。

(1) スクラムチームのメンバーの選出

当社におけるスクラムチームのメンバーのアサイン方法、アサインにあたり考慮すべき人員の資質やスキル要素について表 6-2 にまとめます。

表 6-2　スクラムチームのメンバーのアサイン時の考慮事項（1/2）

役割	選出方法	必要な資質、スキル、その他の考慮事項
プロダクトオーナー	原則顧客側で選出 ※自社開発では当社で選出	・プロダクトを取り巻くビジネスの状況を理解していること ・要求（何を開発するか、必要な機能）を定義し、その機能を含む要求事項の優先順位付けができること ・ステークホルダーおよびスクラムチームに要求を説明し理解を得る責任を果たせること ・開発者とともに活動でき、直接対話によるコミュニケーションが取れる人。専任で常駐できる人が望ましい ・Scrum Alliance 社によるプロダクトオーナーの認定を受けていることが望ましい ※顧客側に上記の考え方を伝えている。一般的に、資質やスキルを要求することは現実的ではない。
スクラムマスター	顧客または当社が選出	・アジャイル開発の基本的理解はもちろんのこと、スクラムのフレームワークを十分に理解し実践できること ・ときにプロダクトオーナーを支援し、スクラムでの開発進行をリード、支援する役割のため、リーダーの資質は必須 ・チームの自律的な協働を支援するファシリテータ、コーチングのスキルを持つこと ・プロダクトオーナーと開発者の間のコミュニケーションを促進し、技術力不足があればその領域の専門家を招聘し不足をカバーできること ・Scrum Alliance 社によるスクラムマスターの認定を受けていることが望ましい 【その他】 ・マネージャ役ではなく、支援者である ・原則として開発者を兼任しないこと ※開発者との兼任は原則しないようにしているが、万が一兼任せざるを得ない場合には兼任可能な開発量に調整して実施している。スクラムマスターに任命される人は開発者としてのスキルも高いので、開発に集中した結果スクラムマスターとしての動きが散漫になってしまわないように注意する。

表6-2　スクラムチームのメンバーのアサイン時の考慮事項（2/2）

役割	選出方法	必要な資質、スキル、その他の考慮事項
開発者	当社が選出 または 顧客、当社双方から選出	・個々に自律的に動けること（自己組織化） ・技術プラクティスを自ら適切に遂行できる能力を持つこと ・トップダウン指示に慣れた指示待ちタイプの技術者は向かない ・開発者全体としてプロダクト開発に必要なスキルを備えていること ・チームワークとコミュニケーション能力があること 【その他】 ・人数は契約時に顧客との交渉で決定 ・協力会社要員を組みいれる場合はスキルとともにスクラム経験を重視する ・原則として同一拠点で作業できること ・原則他プロジェクトを兼任しない ・スプリントを反復し成熟していく想定のため、開発途中におけるメンバーの入替はなるべく避ける（プロジェクト期間中固定化する） ※すべてを満足できるような開発者は数少ないのが実態であるので、スクラムを回していくことでこれらのスキルを得られるようにすることが重要である。

(2) 初期段階での考え方

スクラムでのプロジェクト運営の経験が少ない初期の段階などでは、(1) で述べたような十分な資質やスキル要素を備えたチーム編成を実現するのは難しく、スクラムをうまく回しはじめられないことも多くあります。初期段階でのチーム編成を含め、開発者をアサインすることに際して留意している事項を以下に記載します。

● **事前教育**

スクラムの基本的な理解がない人員をチームに入れる場合は、研修に参加させるなどで基本的な教育をして、本書に記載の内容程度の基本知識は最低限習得したうえでチームに参画させるようにしています。

● **開発者内の体制**

開発者内では上下関係なく、各技術者が自律してスクラム開発を進めることが理想です。しかしながら、スクラム経験の少ないチームでは、開発の進行をリードする者がいないために、どう進めて良いかわからずに開発がスムーズに進まない状態になることが過去にありました。このため、当初はリーダーを置いて開発を進めるのも一つの方法としています。

十分に習熟したチームとなってからは、個々の技術者が自律的に作業を進められ、リーダー不要の体制で進めるようになります。とはいっても年齢や役職で上下関係が残ってしまうのは日本人の習慣もあり、仕方がないことでもあります。

● **自己組織化したチーム**

スクラムでは、個々の開発者が作業の進め方を自ら考え、判断し、自律的に動くことを前提としています。

しかしながら、はじめからすべての開発者が自律的に動けることはまずありません。開発者が自己組織化しやすい環境にしていくことも必要です。

● **連携と協調のマインド**

いくら優秀な開発者が揃っても、連携、協調がない場合にはチームとしての成果を最大限に発揮することはできません。一人一人が常に改善の意識を持ち、お互いの能力を高めながら共通の目標に取り組むことで相乗効果を生み、チームとして個々の能力以上の成果を発揮することが可能となるというマインドを持つことを活動の指針としています。

6.1.2 立ち上げ計画策定

編成されたスクラムチームは、プロジェクトの計画、立ち上げのプロセスを進めるにあたり、今回のプロジェクトでの**実施対象**となる作業の特定をしていきます。候補となる作業については以下の通りで、この中から実施対象を決めます。実施対象として特定した作業については、実施スケジュールおよび実施体制やメンバーの役割分担を決めます。

- インセプションデッキの作成
- プロダクトバックログの作成
- プロダクトバックログ各アイテムの作業量見積り
- プロジェクト計画書の作成
- プロジェクト計画書のレビュー
- 初回スプリント準備（基本設計、開発環境、ツールやガイドの整備）

参考文献［Steve20］［誉田20］［KEN & JEFF20］

表 6-3　立ち上げ計画の例

項目	実施対象	スケジュール	担当	備考
インセプションデッキの作成	×	―	―	顧客が作成
プロダクトバックログの作成	×	―	―	同上
プロダクトバックログ各アイテムの作業量見積り	○			
プロジェクト計画書の作成	○			
プロジェクト計画書のレビュー	○			
初回スプリント準備（基本設計、開発環境、ツールやガイドの整備）	○			

※当社が実施しているスクラム開発では上記のような例が多い。

6.2 インセプションデッキ作成

当社ではプロジェクト計画書を作成するにあたり、「インセプションデッキ」を計画のインプット（材料）とするようにしています。以下、インセプションデッキの目的と一般的な作り方（構成）を説明します。基本的には顧客が主体となり作成するものもあり、必ずしもすべてを実施する必要がないかもしれませんが、プロジェクトの成功のために有効と思われるものについては実施することを推奨しています。

6.2.1 インセプションデッキとは

インセプションデッキとはThoughtWorks社のRobin Gibson氏が考案したものでアジャイル開発の現場でも多く取り入れられています。これからスタートするプロジェクトの全体像（目標、背景、目的、ステークホルダー、体制、予算、スケジュールなど）を明らかにしたドキュメントです。

6.2.2 インセプションデッキの目的とメリット

インセプションデッキの目的は、これからはじめるプロジェクトについて、「なぜ」プロジェクトが必要なのか、「どうやって」プロジェクトを実行するのか、を明確にして関係者全員が共通の理解を持つことです。

インセプションデッキを作成することで以下のような大きなメリットが得られます。

- チームメンバーが共通の目的・目標を明確に認識できるようになる
- 目指すところを理解したうえで各メンバーが求められる役割を理解し行動できるようになる
- 競合と明確な違いのある価値あるシステムを構築できる
- トラブルや障壁にぶつかったときにもスムーズに的確な対応がとれ

るようになる
・プロジェクト遂行に必要なものをすべてスタート前に準備できる

6.2.3 インセプションデッキの作り方・注意点

インセプションデッキの作成には、プロジェクトに直接関係する人物、顧客、プロダクトオーナー、ステークホルダー、開発者を含むチームメンバーが参加し、取りまとめ役は基本的に顧客になります。プロジェクトの状況や方針の変化に対しては随時対応していきます。

インセプションデッキは次の10個の項目により作成します。太字は、特に有効と考えられるものです。

1 我われはなぜここにいるのか
2 エレベーターピッチを作る
3 パッケージデザインを作る
4 やらないことリストを作る
5「ご近所さん」を探せ
6 解決案を描く
7 夜も眠れなくなるような問題は何だろう
8 期間を見極める
9 優先順位は？
10 何がどれだけ必要なのか

上記の項目の1～5は、プロジェクトの「なぜ（Why）」を明らかにする内容で、6～10は「どうやって（How）」を明らかにするものです。内容の意図や作成のポイントは「資料1　インセプションデッキの作り方・注意点」にまとめます。

参考文献［Jonathan11］

6.3 プロダクトバックログ作成

当社がスクラム開発を受託する場合においては（契約形態によらず）、顧客がアサインしたプロダクトオーナーにより**プロダクトバックログ**が作成され、優先順位が付いていることが前提ですが、プロダクトバックログの作成や優先順位付けに当社が関わる場合もあります。この場合も基本的に顧客主体の作業になるので、ここではプロダクトバックログ作成の流れについて、概要をまとめることにとどめます。

6.3.1 プロダクトバックログとプロダクトバックログ・リファインメント

「第3章　スクラム開発」でも述べましたが、プロダクトバックログとは、スクラム開発で生み出される成果物であるプロダクトの要求事項をリスト化して優先度の高い順に並べたものです。要求事項の一つひとつはユーザーストーリーといいますが、開発は優先度の高いものから順に着手します。プロダクトバックログは、**プロダクトバックログ・リファインメント**により随時詳細化、最新化され、プロダクトの開発が続く間、変化し続けます。

6.3.2 要求の整理

プロダクトバックログを作成するにあたっては、まず要求の整理を行います。以下は、スクラム開発における要求の整理の流れの一例です。

①プロダクトの利用者（ペルソナ）を想定する

プロダクトのユーザー像を性別、年齢、職業、氏名、趣味など、具体的にイメージする。ユーザー像を明らかにすることで、関係者全員でより深い話し合いができる

②利用者が抱える問題や課題を見付け、カスタマージャーニーマップを作成する

ペルソナが時系列でどのように行動するかを分析する

③その課題の解決は、ビジネス上の戦略に沿っているかを確認し、リーンキャンバスを作成する

ビジネスの企画書であり、一枚の紙で一気に事業の中身がわかるようにする

④利用者の問題や課題をシステムがどのように解決できるかを考え、ユーザーストーリーマップを作成する

ユーザーストーリーは付箋などに書き出し、ユーザーの体験順に時系列で左右に整理、似た機能は上下に整理して壁などにマッピングしていきます。二次元の表に整理することでユーザーストーリーの抜け漏れに気付くことができるだけでなく、会話を通してプロダクトオーナーがストーリーに込めた思いを理解することができたり、複数のユーザーストーリーを分割する線を左右に引くことでリリース計画を表現することもできます。

6.3.3　ユーザーストーリー（開発すべき要求事項）作成

プロダクトバックログに記載される開発の要求事項である**ユーザーストーリー**の作成の概要についてまとめます。

ユーザーストーリーの一つひとつは、システムの振る舞いやユーザーにとっての価値を表したものですが、その記述の仕方として、図6-1にユーザーストーリーのテンプレートの例を１つ示します。この形式で記述しておくと、後にユーザーストーリーの分析や分割の際にも役立ちます。

良いユーザーストーリーを記述するための要素を抽出したINVESTというものがあります。ここに記載する６つの要素（表6-4参照）を含めると要求事項として明確で、開発を進めやすいユーザーストー

リーになるとされています。

このINVESTは、ユーザーストーリーがうまく書けているかどうかのチェック項目として使うこともできます。

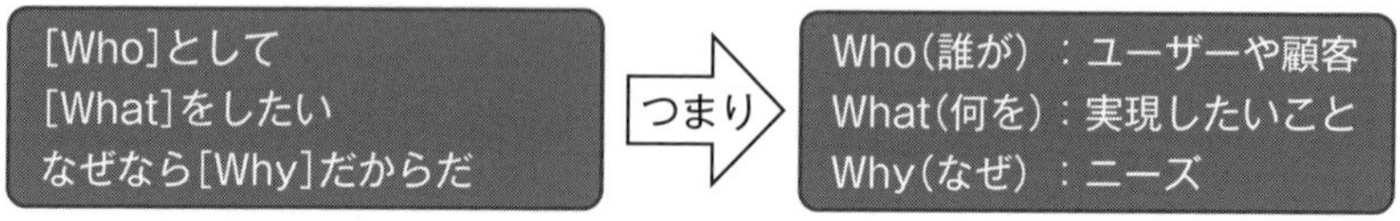

図6-1　ユーザーストーリーのテンプレートの一例

表6-4　良いユーザーストーリーの6つの要素（INVEST）

項目	意味	説明
Independent	独立している	他のユーザーストーリーにできるだけ依存しない
Negotiable…and Negotiated	交渉できる	目的が明記されており、実現手段について交渉できる
Valuable	価値がある	顧客、利用者にとって価値がある
Estimable	見積りができる	見積りが可能なほど具体化されている
Small	手ごろな大きさ	スプリントに収まる粒度になっている
Testable	テストができる	完了を判定できる

［XP123］より抜粋

6.3.4　初期のプロダクトバックログ作成

ユーザーストーリーの作成が終了した後には、以下の手順に従い初期プロダクトバックログを作成します。

①ユーザーストーリーを一列に並べる

リリースの優先順位を考えながら、優先度の高い順に一列に並べる。

②ユーザーストーリーを分割する

優先順位が上位のストーリーは、1スプリント内で完了できる規模に分割する。また、開発規模を見積ることができる程度に具体化する。

③受け入れ基準を定義する

個々のユーザーストーリーには、プロダクトオーナーが受け入れ基準を定義する。なお、受け入れ基準とは、ユーザーストーリーを実装した場合に、機能的な要件が満たせているかを判断する基準を記述したものである。

④ユーザーストーリーの優先順位付けの調整

リスクのあるもの、価値の高いもの、必要な機能、画面の見栄えなどについて、顧客の意向に従い優先順位を調整する。

6.4　プロダクトバックログ見積り

プロダクトバックログ見積りについては、**ユーザーストーリーごと**に作業量の見積りを行います。

6.4.1　ユーザーストーリーの見積り方法

ユーザーストーリーの見積りは、**相対見積**で行います。相対見積には、**ストーリーポイント（SP）**という単位を使います。

相対見積は、基準となるユーザーストーリーの大きさを決めて、その大きさから他のユーザーストーリーの大きさを相対的に見積る方法です。

第2部　開発の現場

相対見積を実施する手順の一つの例は以下の通りです。

①プロダクトバックログにあるユーザーストーリーのうち、早めに着手するもので、小さめのサイズでイメージしやすいものを選択する
②選択したユーザーストーリーの規模を「5 SP」として、これを基準とする（他プロジェクトなどで参考になるものを基準とすることもできる）
③他のユーザーストーリーの規模を基準と比較して見積る

6.4.2　ストーリーポイントの見積り方法

ストーリーポイントの相対見積の値には、フィボナッチ数列[注)]の値（1，2，3，5，8，13，..）がよく使われます。フィボナッチ数を記載したカードを用意し、チームでプランニングポーカーを実施し、プロダクトバックログをストーリーポイントで見積ります。

プランニングポーカーの手順の一例は以下の通りです。ここで大事なのは、数を揃えることではなく、**対話を通して共通の認識を持つ**ということです。

①基準となるユーザーストーリーを決める
②対象となるユーザーストーリーを決めて、相対的に開発者各自が見積り、カードに記載する（情報が不足している場合は、プロダクトオーナーから得る）
③一斉にカードを場に出す
④差異のあるカードを出した者は、理由を説明する
⑤理由を聞いて、カードを変えたくなった者は変える

注）フィボナッチ数列：1，2，3，5，8，13，21，34，55，89，144，233，377，610，987，1597，2584，4181，6765，10946，17711，28657...とどの項も、その前の2つの項の和となる。イタリアの数学者レオナルド＝フィボナッチの名にちなむ。

⑥全カードが一致すれば終了。もし一致しなくても差が少なければ、小さい数を採用する

ユーザーストーリーの実現イメージが湧きにくいなどの理由により見積りができない場合は、スパイクと呼ばれる事前の技術調査（6.6.4項参照）を行って、作業量を計り見積りのための値とします。スパイクの作業自体もユーザーストーリーやタスクとして扱う必要があります。

ここで、ストーリーポイントを使用した関連項目である**ベロシティ**について、説明しておきます。

ベロシティとは開発チームの生産速度を表す指標で、1スプリントあたりにリリースできたユーザーストーリーのストーリーポイントの合計のことです。

$$\text{ベロシティ} = \frac{\text{リリースできたユーザーストーリーのSPの合計}}{\text{1スプリント}}$$

ベロシティは、一般的に6スプリント目あたりから安定してくるといわれています。リリース計画を考える際などにも、参考にする数値です。

6.5　初期リリース計画

作成したプロダクトバックログの優先順位に従って、どのユーザーストーリーをどのタイミングで開発・提供するかを大まかに決めます。受注前の合意事項として、「プロジェクトのビジョン（構想）の共有」（5.1.1項参照）の中でプロダクト全体スケジュールを共有することを説明しましたが、これらをもとに、**初期リリース計画**を立てていきます。これはプロダクト開発の初期の重要イベント（初回リリース時期など）をスクラムチームおよびステークホルダーが認識を共有しておく目的で行います。この計画はあくまで**初期の計画**であり、開発

の進行に応じて、計画は見直され、追加されていくものです。

6.6 スプリント準備

スプリントを円滑に進めるために、スプリントの開始前に事前に準備すべき作業を実施しておきます。これは、新しい技術を採用する場合や前例のない新規サービスのプロジェクトに取り組む場合、技術調査などしっかり行っておかないと、スプリントの途中で技術的な課題発生により予定していた開発項目を完成できないといった事態となり得るためであり、スプリントの開始前に実施しておくようにしています。

参考文献［NCDC21］［RYUZEE］

6.6.1 アーキテクチャ設計や開発言語の選定

プロダクトの開発においては、ソフトウェアの構成、基本構造や実現方式などのアーキテクチャ設計や開発言語の選定をしますが、後で変更することはコスト面、スケジュール面で現実的でないものについては優先的に検討・検証をして決めておくようにしています。

その際には、以下のような事項を検討項目として挙げて対応しています。

- プロダクトのアーキテクチャの選択
- 開発言語と使用するフレームワークの選択
- テストの自動化のためのライブラリの選択
- インフラの選択

6.6.2 非機能要件の明確化

非機能要件については、プロダクトやサービスの特性を踏まえて重要な箇所を特定し、スクラムチーム内で共通な理解を持つ必要があります。非機能要件は、アーキテクチャ、コスト、開発期間に影響を与えるため、後から変更することの無いよう、スプリントの開始前に検討して明確化しておくようにします。その際、(独) 情報処理推進機構 (IPA) が策定した**非機能要求グレード**を参考にまとめた**表 6-5** を参照しています。

表 6-5　非機能要求グレード 6 大項目（1/2）

非機能要求大項目	説明	要求の例	実現方法の例
可用性	システムサービスを継続的に利用可能とするための要求	・運用スケジュール（稼働時間・停止予定など） ・障害、災害時における稼働目標	・機器の冗長化やバックアップセンターの設置 ・復旧・回復方法および体制の確立
性能・拡張性	システムの性能、および将来のシステム拡張に関する要求	・業務量および今後の増加見積り ・システム化対象業務の特性（ピーク時、通常時、縮退時など）	・性能目標値を意識したサイジング ・将来へ向けた機器・ネットワークなどのサイズと配置＝キャパシティ・プランニング
運用・保守性	システムの運用と保守のサービスに関する要求	・運用中に求められるシステム稼働レベル ・問題発生時の対応レベル	・監視手段およびバックアップ方式の確立 ・問題発生時の役割分担、体制、訓練、マニュアルの整備
移行性	現行システム資産の移行に関する要求	・新システムへの移行期間および移行方法 ・移行対象資産の種類および移行量	・移行スケジュール立案、移行ツール開発 ・移行体制の確立、移行リハーサルの実施

表6-5　非機能要求グレード6大項目（2/2）

非機能要求大項目	説明	要求の例	実現方法の例
移行性	現行システム資産の移行に関する要求	・新システムへの移行期間および移行方法 ・移行対象資産の種類および移行量	・移行スケジュール立案、移行ツール開発 ・移行体制の確立、移行リハーサルの実施
セキュリティ	情報システムの安全性の確保に関する要求	・利用制限 ・不正アクセスの防止	・アクセス制限、データの秘匿 ・不正の追跡、監視、検知 ・運用員などへの情報セキュリティ教育
システム環境・エコロジー	システムの設置環境やエコロジーに関する要求	・耐震／免震、重量／空間、温度／湿度、騒音など、システム環境に関する事項 ・CO_2排出量や消費エネルギーなど、エコロジーに関する事項	・企画や電気設備に合った機器の選別 ・環境負荷を低減させる構成

［IPA_ent03-b］より抜粋

6.6.3 開発環境

6.6.3.1 開発環境の準備

開発環境としては、開発者個々人の開発環境のほかに、継続的インテグレーション環境やスプリントレビュー時のデモを実施する環境などを準備し、スプリントで利用できるようにしておきます。開発環境設定の簡単な手順書を作成しておき、後から参画するメンバーのスムーズな環境設定にも備えておくようにします。

そして、継続的インテグレーション用環境とともに、バージョン管理ツール、スクラムのプロジェクト管理ツールなど、開発に必要なツールも用意し、プロジェクトを推進する環境を構築しておきます。ツールについては、インターネット上に多くの情報がありますが使用する際は取り扱いに十分注意するようにしています。

ツールには、以下のようなものが挙げられます。

· Ansible
· AWS
· Azure
· Backlog
· Confluence
· docker
· GitHub
· Jenkins
· JIRA
· Redmine
· Splunk
· Slack

6.6.3.2　テストの自動化準備

スクラム開発では、スプリント中においては頻繁に何度もテストを実施する必要がありますが、機能追加のたびに手動でテストを実施するのは非効率であり、また現実的ではないため、**テストの自動化**は必須と考えています。

スクラムは開発のフレームワークであり、**技術プラクティス**について規定しているものはありませんが、上記の通り、テストの自動化は必須の技術プラクティスであり、テスト自動化の方法を事前に決めておくことにしています。

6.6.4　技術調査

スプリントを進めるうえでの技術的課題などが見つかると、その都度調査作業が発生し、場合によっては開発の方針を転換することになりかねません。そのために事前に**技術調査（スパイク）**を行い、そうした不安を解消しておきます。

プロジェクトのすべての要件について、事前に技術調査を済ませるのは現実的には難しいものですが、直近のスプリントで必要なものについては、担当者は調査を済ませておくのが大切です。プロダクトバックログ・リファインメントなどで要件が詳細化されることにより新たに技術課題が浮上してくる場合は、都度そのインパクトを検討し、プロダクトバックログに追加して以降のスプリントで対応していくようにしています。

6.6.5　ワーキングアグリーメントの設定

ワーキングアグリーメントは、スクラムチームの行動などのルールを定義するものです。厳格なルールで開発メンバーを縛るためではなく、お互いに仕事をやりやすくするためのルールとして明文化することを目的にしています。スクラムチームのメンバー全員で議論して納得した内容を設定します。

ワーキングアグリーメントは、スプリントの開始までに準備をし、以降はスプリント・レトロスペクティブのタイミングなどで見直しを行います。不要となった項目は削除して、新たに必要と思われる項目を追加し、短い記述で済むようにします。

以下はワーキングアグリーメント内容の一例です。新型コロナの発生もありますので、体調に関しての重要性は増しています。

・デイリースクラムは、9：00～9：15で実施する
・会議では必ず参加メンバーが意見をあげる
・9：00～16：00以外にスクラムイベントを設定しないこと
・Redmineのタスクに実績を毎日17：00に入れる
・マスターブランチへのpushは必ず管理担当者の許可を得てから行う
・作業に30分行き詰まった場合、必ず周りに相談する
・体調の悪い日は、必ず連絡をして休む

参考文献［RYUZEE］［NCDC21］

6.7　プロジェクト計画書の作成

プロジェクトの計画のアウトプットとして、**プロジェクト計画書**を作成しています。プロジェクト計画書はプロジェクトをコントロールするためのツールとしても活用しています。

プロジェクトの初期段階では、すべてを詳細に計画できない場合も多いものです。段階を経て詳細が明らかになっていくに応じて計画を詳細化して計画書を更新していくという考え方でプロジェクト計画書は作成しており、常に最新の計画へ更新して計画書が利用できる状態にしておくことを重要視しています。

当社では、スクラム開発向けのプロジェクト計画書の標準フォーム「**【雛型】プロジェクト計画書兼報告書**」を用意しています。これに従

い、各項目を定義し、計画することでプロジェクト計画を可視化し、関係者で共有するようにしています。

6.7.1　計画要素の概要

顧客やプロジェクトにより異なる部分も出てくる想定ですが、スクラム開発では概ね以下のような計画要素（表 6-6 参照）について計画を行い、プロジェクト計画書に定義、明示しています。前述の「【雛型】プロジェクト計画書兼報告書」もこれに準ずる内容としています。

表 6-6　スクラム開発プロジェクト計画の要素（1/3）

分類	計画要素	概要
プロジェクト概要	目的 ゴール 開発内容	・開発するプロダクトの目的や最終的な目標（ゴール） ・当社の担当する開発内容 など
	作業期間 作業範囲 受注額	・契約期間と当社が担当する作業範囲および受注金額 など
	スプリント定義	・スプリントの期間（タイムボックス） ・反復回数（イテレーション回数） などスプリントに関する取り決め
技術要素	開発言語 開発手法 適用プラクティス	・言語 ・使用するアジャイルのフレームワーク（スクラムなど） ・適用する技術プラクティス の明示

表 6-6 スクラム開発プロジェクト計画の要素（2/3）

分類	計画要素	概要
環境要素	開発環境 機器 作業場所	・PC 環境や必要機器類の調達計画 ・作業場所の決定
ツール （開発、管理）	開発／テスト用ツール 管理ツール	・ソース管理 ・テスト自動化 ・開発管理ツール（JIRA など） などの採用計画
セキュリティ計画	機密保持 顧客貸与品管理	・機密データの扱い ・顧客貸与品や顧客環境借用 に関わる手順やルール遵守の計画
コミュニケーション計画	スクラムイベント その他会議 社内進捗報告	・各会議体の実施要領（日程、参加者など） ・社内報告の要領 などの計画
開発プロセス	プロセス （工程）	・実施するプロセス（工程） などの計画
	レビュー計画	・レビュー対象工程 ・対象成果物 ・実施日程 などの計画
	成果物の定義 納品計画	・アウトプットする成果物 ・納品日程 などの計画

表 6-6　スクラム開発プロジェクト計画の要素（3/3）

分類	計画要素	概要
体制	体制図 （顧客および当社）	・顧客とステークホルダーおよび当社の体制 ・それぞれの役割と責任 などの明示
	スキルマップ	・スクラムチームの保有スキルを などの明示
教育	トレーニング計画	・メンバーに不足している技術要素に関する教育 ・研修 などの計画
リスク管理	リスクの特定 リスク対策	・プロジェクトリスクの評価 ・特定リスク対策を計画
コスト管理	予算計画 人員計画	・売上計画、人員計画（原価投入計画） ・プロジェクト粗利 の予実推移を可視化
進捗管理	マスタスケジュール 進捗状況の可視化	・全体日程、主要イベントの明示 ・進捗測定の指標決め、バーンダウンチャートなどを用いた可視化の計画
品質管理	品質目標 収集する指標（メトリクス） 完成の定義	・品質を測定する指標項目の決定および基準値の設定 ・収集するメトリクス、評価指標とその評価基準を設定 ・インクリメントの完成の定義を設定

6.7.1.1　完成の定義

完成の定義とは、プロダクトのリリース基準のことで、何をもってリリース可能なプロダクトと判断するかの統一した基準です。完成の定義の例を以下に示します。

- 設計およびコードのレビューが実施済で、指摘事項の修正が100% 完了している
- ユニットテストが完了しており、カバレッジ（網羅率）は90% 以上である
- 結合テスト結果が品質指標の範囲内で完了し、バグがすべて改修済である
- 各開発アイテムがプロダクトバックログの受け入れ基準に適合することを確認済である
- ソースコードおよびドキュメントはリリース可能な状態で揃っている

完成の定義に関しては、プロジェクト計画時にプロジェクトごとに顧客と相談のうえで定めています。スクラムチーム内で（主にプロダクトオーナーと開発者が中心となって）プロダクトに合わせた適切な基準を設定することとしています。

1つのプロダクトの開発を複数のスクラムチームが担っている場合は、チーム間でコラボレーションして同じ完成の定義を持つようにします。

完成の定義は、スプリント・レトロスペクティブでのふりかえりなどにより見直しを実施して、随時改善していきます。

6.7.2　プロジェクト計画書のレビュー

プロジェクトを進めるのに必要な事項が不足なく、無理なく計画され、実現可能なものかを判断し、これによってプロジェクトを進める

ことに対する関係者のコミットメントを獲得することを目的に**プロジェクト計画書のレビュー**を実施しています。

プロジェクト計画書のレビューでは、主として以下のような観点で関係者が計画の確認をしています。計画立案に携わった者はあらかじめこれらの点につき自主点検をするようにしています。

①全体

・計画が不足していないか
・各計画の整合性がとれているか
・無理な計画となっていないか
・適切なタイミングでレビューが計画されているか
・QCD（品質、コスト、納期）の状況の可視化ができているか

②スクラム開発

・スクラムを進める体制に問題がないか
・スプリントの計画は適切か
・スクラムのイベントが正しく計画されているか

第7章

スクラム開発のフレームワーク

スクラム開発のフレームワークや開発の進め方の一般論は「第3章 スクラム開発」で述べた通りですが、当社でもスクラム開発のフレームワークに沿った開発を実践しています。本章ではそれらの枠組みを使って、当社がどのようにスクラム開発を実践しているかを説明します。

実際の開発作業（設計～実装～テスト）の進め方には特別なルール（標準）の定めはなく、プロジェクト個別に顧客と合意のうえで実施しています。開発作業については、いくつかの技術プラクティスやツールを推奨しています。

7.1 スプリントプランニング

各スプリントの最初に行うのは、当該スプリントで実施する作業を具体的に計画することです。

スプリントプランニングでは、プロダクトオーナーから提示されるプロダクトバックログをインプットして、今回のスプリントで開発する開発要件を選定し、スプリントのゴールを定め、その実現に必要なタスク（作業）を洗い出し、実施計画を具体化します。これらをまとめた成果物として、スプリントバックログをアウトプットします。

スクラムチーム全体で協力して作業計画を策定することとしています。

7.1.1 前提

スプリントプランニングを行う前には、以下の事項を確認し、前提条件を整えておくようにします。不足があれば、スプリント計画のミーティング内ほかで補完するようにします。

①最新化されたプロダクトバックログが存在すること

・このスプリントで開発しきれる程度に要求事項が（受け入れ基準も含めて）明確化・詳細化され、優先順位付けされていること（プロダクトバックログ・リファインメントが実施済である）

・2回目以降のスプリントの場合、前回のスプリントレビューで挙がった要望や今後の改善点が反映されていること

②完成の定義が明確に定められていること

③2回目以降のスプリントの場合

・前回のスプリントのふりかえり（スプリント・レトロスペクティブ）から、以降のスプリントで対応する課題が明確にされていること（計画に入れるかを判断するため）

7.1.2　タイムボックス（時間枠）

スプリントプランニングに割り当てるタイムボックス（時間枠）は、スクラムガイドの定義によれば、1ヵ月のスプリントの場合で8時間以内とされています。当社でもこれに準じて、スプリントの期間に応じた適切な時間枠を割り当てるようにしています。

（例）スプリントの期間が2週間の場合は、タイムボックスを4時間とする

7.1.3　参加者

スプリントプランニングは、基本的にはスクラムチームのメンバー全員参加が必須と考えています。スクラムチームのメンバー全員の共通認識が大切であり、計画した内容はスクラムチームのメンバー全員で合意するためです。

通常、スクラムチーム以外の人は参加しないこととしていますが、

計画に必要な助言を求めるため、スクラムチーム外の人を招くことも可能としています。開発に関わる技術面の見解を社内有識者に求める場合などは、スクラムチームで相談のうえ、招聘してアドバイスを受けることもあります。これによりスクラムチームの全体のスキルが向上します。

7.1.4　スプリントプランニングの流れ

スプリントプランニングの流れとそのアウトプットとなる**スプリントバックログ**の扱いについて説明します。

7.1.4.1　開発要件の選定

プロダクトバックログから、当該スプリントで開発対象とする要求事項（**プロダクトバックログアイテム**）を、プロダクトオーナーと開発者が話し合いのうえで選定します。

その際、過去のスプリントでどの位のストーリーポイントを達成できたか（スクラムチームのベロシティ）の実績を参考にし、完成の定義を考慮しながら、必要に応じてプロダクトバックログアイテムの内容をより具体化させたうえでその規模を見積り、実現可能な範囲を予測するようにしています。

最初のうちは、参考となる過去のベロシティの実績の積み上げが不足していることから予測は難しいものですが、スプリントを反復するうちにその経験から学び、6スプリント目のあたりで的確な予測ができるようになります。

なお、選定したプロダクトバックログアイテムは、スプリントバックログに登録します。

7.1.4.2　スプリントゴールの設定

スプリントゴールとは、スプリントで提供されるプロダクトの価値、すなわち、プロダクトゴールへ向けての1ステップである、スプリント終了時には実現することを目指す成果目標のことです。

スクラムチームのメンバー全員が協力して、スプリントプランニングが終わるまでにスプリントゴールを確定させます。そして、今回のスプリントで最終的に何を実現しようとしているのか、メンバー全員が明確に目標を理解してスプリントを進めるようにしています。

7.1.4.3　タスク洗い出しと実施計画

(1)　タスク分割と見積り

開発者は、選定したプロダクトバックログアイテムそれぞれについて、その機能を実現するためには、どのように開発し、テストし、リリース可能なインクリメントとするかを視野に、開発の具体的な作業を**タスク**に分割します。開発の技術プラクティス（要素技術や実装方法、テスト実施方法など）も含めて決めます。

タスク分割のやり方は開発者個人の裁量としています。各タスクは、デイリースクラムの中で進捗を確認できる程度に詳細化されていること、つまり、タスクの進捗状況が「見える化」されていることが重要であり、各タスクの大きさは１人日以下（できるだけ半日以下）に細分化することを推奨しています。

計画漏れにより後で工数が増大するリスクを減らすため、計画時点でわかっている範囲で、「調査」や「環境整備」といった実際の開発作業の前段で行う準備その他の作業についても漏れなくタスク化することが重要と考えています。

タスク分割ができたら、トータルの工数を見積り、全タスクが今回のスプリント内に収まるかを確認し、収まるように調整します。調整により、開発するプロダクトバックログアイテムの増減が発生する場合は、プロダクトオーナーの合意を得たうえで変更を行います。

(2) タスク実行計画

スプリント内で実施するタスクの決定後、各タスクの担当割り振り、および実施スケジュールを計画します。

7.1.4.4　スプリントバックログの作成

今回のスプリントでの開発対象として選定した**開発アイテム（プロダクトバックログアイテム）**、各開発アイテムを開発するためのタスクおよび実施計画、スプリントゴールを合わせて、スプリントプランニングの成果物として、**スプリントバックログ**を作成します。イメージを図 7-1 に示します。

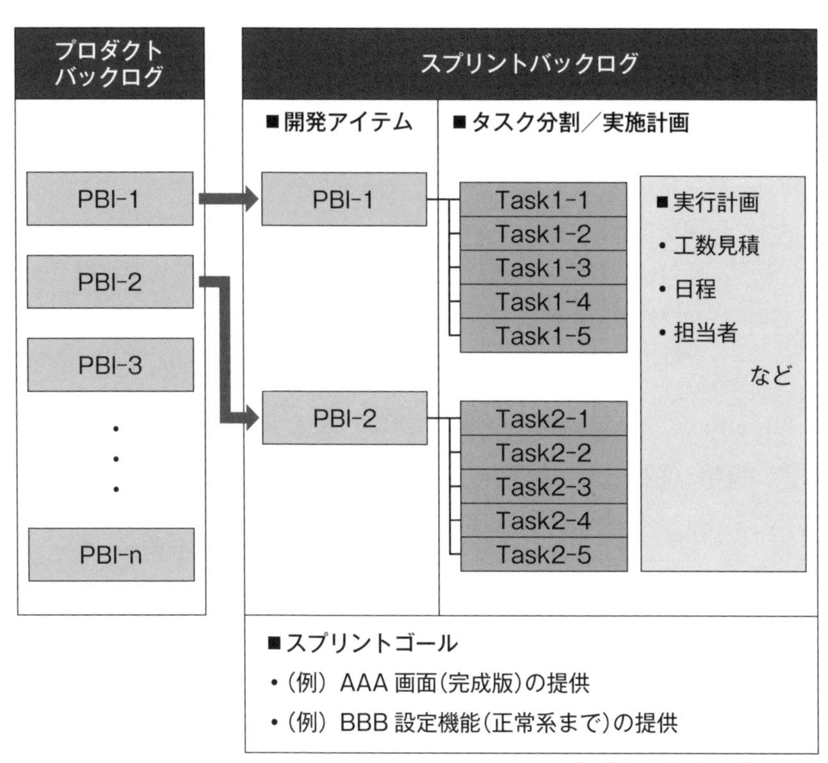

図 7-1　開発アイテム選定～スプリントバックログ作成

スプリントバックログは、スプリント中に発生するであろうことに対応するため、プロダクトオーナーとの合意を条件に、その**スコープ**（**作業範囲**）を変更可としています。ただしスプリントゴールの達成を困難にする変更はしないようにします。なお、スプリントプランニング時に設定したスプリントゴールは当該スプリント中には変更しないことを原則とします。

7.1.5　スプリントプランニングにあたっての留意事項

スプリントプランニングを行うにあたって、以下のような留意点を念頭に置いています。

- **最初から完璧な計画を構築する必要はない。**

  スプリントのゴール（目標）を定義し、成功に向けた明確な計画を示すことで、スクラムチームのフォーカスを同じ方向に向かせるのが主目的である。

- **細かく計画し過ぎず、目標にフォーカスして、スプリントを開始するのに必要なだけのスプリントバックログをスプリントプランニング終了時に作成できればよい。**

  より細かなタスクはスプリントを進めるにつれ、更新・追加され、スコープ（作業範囲）を精緻化していく。

7.2　開発（技術プラクティス）

スプリント内での開発業務は、設計・実装〜テストまで、あるいは要求事項の確認、システムテストとリリース可能なインクリメントの作成までに必要なすべての作業が含まれます。その実施には、さまざまな**技術プラクティス**を適用します。当社で実践しているスクラム開発においては、その開発業務に適用する技術プラクティスや開発者個人に対するルールは特に設けていませんが、短期間にリリースを繰り返すスクラム開発において、品質向上をもたらすいくつかの技術プラクティスを取り上げ、説明します。

・ユニットテスト
・リファクタリング
・テスト駆動開発
・継続的インテグレーション
・ペアプログラミング

なお、これらの技術プラクティスは、スクラム開発だけではなく、ウォータフォール開発でも実践が可能です。

7.2.1　ユニットテスト（Unit Test）

ユニットテストとは、ソフトウェアの単一のモジュールやメソッドを対象に行うテストのことです。ソフトウェアの実装や変更が設計した通りになっていることを確認することを目的としています。また、自動化して簡単に実行できるようにしておけば、コードの変更の度にテストを実行させて確認ができます。

ユニットテストを実施するメリットは、

①コードの欠陥をすぐに発見できる

コードの変更が正しく行われたことを確認するとともに、コードに作りこんだ欠陥がすぐにわかり、デバッグ時間を短縮できる。

②自動化により手間をかけずにリグレッションテストを繰り返し実行できる

ユニットテストを自動化しておくことで、コード変更のたびに他の部分への影響確認を自動で実行でき、手作業で再テストする手間が省けコスト削減につながる。

また、品質の観点からのメリットは、

①プロダクトコードに書かれた処理が可視化されるためコードの理解

を助ける

②テストをしやすいコードを考えるため、疎結合なプログラムを意識するようになる

などが挙げられます。

言語ごとにユニットテストのフレームワークがあるため、それらを使用してユニットテストの実施を検討しています。

7.2.2　リファクタリング（Refactoring）

リファクタリングとは、ソフトウェアの外部からみた挙動を変えることなく、プログラムの内部構造や設計を整理し、実装の改善をしていくことです。その目的は、コードを常に整理されたわかりやすい状態にしておくことでその可読性と保守性を保ち、その後の変更や修正をしやすくし、結果的に開発の速度を向上させることです。リファクタリングは、アジャイル宣言の背後にある12の原則の「技術的卓越性と優れた設計に対する不断の注意が機敏さを高めます。」の有効な実践方法の一つといえます。

リファクタリングの作業には、これをサポートする機能が備わった開発ツールを使うことで、手間と人為的ミスを減らすことができます。また、外部からみた挙動を変えていないことを常に確認するために、ユニットテストを併用することが前提になります。

7.2.3　テスト駆動開発（TDD：Test-Driven Development）

テスト駆動開発は、テストファーストの開発手法の一つで、前出のユニットテストとリファクタリングからなります。「テスト⇒実装⇒リファクタリング」を短いサイクルで繰り返すことにより、少しずつ動作を確認しながら設計&実装をしていくことで、正しく動作するきれいなコードを書くことが目的になります。

<テスト駆動開発の流れ>

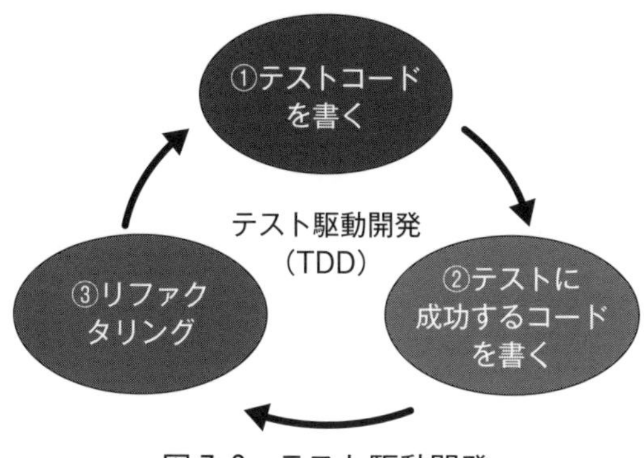

図7-2　テスト駆動開発

わかりにくいコードや悪い設計は、バグを生みやすいうえ、テストもしづらくなります。テスト駆動開発では、テストと実装を同時に書くことで、そもそもテストをしづらいコードが生まれにくくなり、コードがきれいになっていきます。もう一つ、フィードバックの高速化があり、実装前にテストを書くことで、実装が正しいのかをすぐ確かめることができるのがメリットです。

実際の方法は以下の通りです。

①テストコードを書く（テストケースを考える）

プロダクトコードを書く前に、まずは**テストコードを先に書く**。プロダクトコードが作成されていないため、テストは必ず失敗する。

テストコードを先に書くためには、実現したい機能や動作をよく理解することが必要であり、コードの設計を十分に考える事につながります。

②テストに成功するコードを書く（実装する）

テストに成功するためだけの最小限のコードを書く。

この時、抽象化やきれいなコードなどを考えずにシンプルに、とにかく①で書いたテストを通すことだけを考えて実装する。あくまで、要件を満たしたコードがテストに成功するかどうかを確認するだけである。

③リファクタリング：実装を改善する

コードの内部設計を見直し、実装を改善する。

重複を取り除いたり、抽象化できるところを抽象化したり、酷い変数名を直したり、コピー＆ペーストしたところをメソッド化したりする。プログラムの内部構造を整理し、わかりやすい実装にする。

この時のポイントは１箇所直したらすぐにテストを実行して、テストに成功することを確かめながらリファクタリングをすることである（②を維持する）。これによって振る舞いが変わっていないことを確かめながらコードをリファクタリングすることができる。

結果的にテスト駆動開発は、以下により高品質のコードを最初からつくることができるといえます。

- テストを考えることで、仕様や要件を理解できるようになる
- 利用時のことを考えるため、結果的にエラーケースについて早期にカバーできる
- テストを成功させるために、テスト可能な設計を考えるようになり、適切なモジュール分割が可能になる。結果、シンプルな設計、コードとなる

7.2.4 継続的インテグレーション（CI:Continuous Integration）

継続的インテグレーションとは、動くソフトウェアを常時結合状態に置くことです。これにより、いつでもテストが可能になり、早期の問題発見と効率的な開発を実現できます。また、いつでもリリースが可能な状態を維持することが可能になります。

継続的インテグレーションを実践するのにツールは欠かせません。

Git や Subversion といったツールが利用できます。

以下に、継続的インテグレーションの流れの一例を示します。

① 最新のソースコードをリポジトリから取得する
② コードを変更する
③ ビルドおよびテストを実行する（エラーがあれば修正）
④ ③の成功により、リポジトリへチェックイン（最新ソースの統合状態）

上記のサイクルを繰り返すことで、常時統合状態を維持します。

継続的インテグレーションにおいて、ビルドを自動化しておくことは必須で、各プログラミング言語には、ビルドを自動化するフレームワークがあります。

ビルドのツールとしては、Jenkins などが有名です。これは、リポジトリにコードがチェックインされるたびにビルドを実行するものです。これにより、エラーがあればすぐに開発者にフィードバックされます。

一回の作業量を小さくこまめなチェックインをすることで、より簡単に統合ができるようになるとともに問題の発見も早くなり、対処もしやすくなります。

クラウドや Web を利用するサービスが増えてきた昨今は、サービス環境へのデプロイまで継続的に行われる継続的デリバリー（CD：Continuous Delivery）といったものも出てきています。

7.2.5 ペアプログラミング（Pair Programming）

最後に、技術プラクティスの説明をもう一つしておきます。スクラム開発に必須というわけではありませんが、選択肢の一つとして考えるとよいと思います。

ペアプログラミング[平鍋21]とは、２人一組になってプログラミングを行うことです。ペアプロとも呼ばれます。コーディングと同時にレビューができる効果、会話をしながらコーディングをすることでお互いの知識共有や設計理解を深める効果があり、それが狙いともいえます。

原則、テレワークはせずに同じ空間にいるようにします。

２人のうち、PCを操作してコードを打ち込む人を「ドライバ」、その横でドライバが書いたコードを確認し、質問や提案、助言をする人を「ナビゲータ」と呼びます。プログラムの単位や区切りのよい箇所で役割を交代するのが良いとされます。

当社でのペアの組み方の例としては、経験豊富でスキルの高い開発者と経験の少ない開発者でペアを組みOJTを実践するケースなど、スキルの違う者を組合せてスキル底上げの効果を狙うなどの考慮もしています。

ペアプログラミングのメリットとしては、以下のようなものがあります。

- ミスを減らせる
- 程よい緊張感が得られる
- レビュー時間を削減できる
- 学習速度が向上する
- 新たな知識を得たり、視野が広がったりする可能性がある

・設計間違いが早期に発見できる
・他人が読めないようなコード実装を回避する効果がある

最近では、モブプログラミング（モブプロ）という、3人以上でプログラミングを行うこともあります。

7.3 デイリースクラム

スプリント中には、開発者は毎日、スプリントゴールの達成に向けた進捗確認と計画調整のミーティング、つまり**デイリースクラム**を実施します。いわゆる朝会や夕会といったものです。テレワークをしている開発者は、Webミーティングで参加します。

(1) タイムボックス（時間枠）

シンプルにわかりやすくするため、毎日、同じ時間に同じ場所で、15分程度以内の時間枠で実施するようにします。

(2) 参加者

開発者は原則として全員参加としています。プロダクトオーナーやスクラムマスターは任意参加としていますが、スクラムマスターはデイリースクラムが毎日実施されているか、参加者が目的を理解し、効果的に実施されているかを見守るようにしています。また、開発者の自律性を重んじており、スクラムマスターによる司会進行などは実施しないこととしています。なお、スクラムチーム外の人を招聘し、デイリースクラムに参加させることができます。

(3) 進め方

具体的な進め方は、開発者が自主的に決めますが、一般的なやり方の一つとして、開発者各自が以下のような3つの質問に答えていくやり方があり、当社でも参考にしています。

・(スプリントゴールを達成するために）前回のデイリースクラムから実施したこと
・(スプリントゴールを達成するために）次回のデイリースクラムまでにやること
・(スプリントゴールの達成の妨げになる）障害や問題点があるか

また、進捗を確認するためのツールとしては、**タスクボード**（**タスクかんばん**)、**バーンダウンチャート**などを推奨しており（後述)、これらでリアルタイムな状況を可視化しながら進捗状況を確認しています。

デイリースクラムを毎日確実に実施することで、開発者はスプリントが順調に進んでいるのか、問題の状況はどうなっているのかなど、今の状況を全員が共有して、同じ目標に向けて一体化して進むことができると当社は考えています。

デイリースクラムの際には、以下の注意点を念頭に置いています。

・進捗報告会ではなく、スプリントゴール達成へ向けての状況確認と計画調整が目的
・開発者全員が参加（発言）できるようにする
・外部の人（オブザーバー）の意見に振り回されないよう参考程度に

デイリースクラムで見つかった問題や障害、リスクは、すぐに解決に向け動くことになりますが、デイリースクラムの時間の延長ではなく、別の場を設けて議論し解決することにしています。障害となっている事柄の中には開発者だけでは解決が難しいものもありますが、その場合はスクラムマスターの手助けを得るようにしています。

(4) デイリースクラムのアウトプット

デイリースクラムで見つかった問題や障害、リスクの解決方法によっては、今後の作業計画を調整する必要が出てくる場合がありま

す。こうしたケースでは、プロダクトオーナーとの相談、合意のうえで、計画したスコープ（作業範囲）や作業方法を調整する場合がありますが、この場合もスプリントゴールを変えない範囲で調整し、スプリントバックログを変更するようにします。

デイリースクラムのアウトプットとしては、日々可視化している進捗情報（タスクボードやバーンダウンチャート）のほか、変更されたスプリントバックログがあります。

7.4 問題・障害・リスクの共有

デイリースクラムで見つかった問題・障害・リスクは、その発生から解決まで、タスクボードに貼り出して可視化して、スクラムチーム内で状況を共有するようにしています。

7.5 進捗管理

デイリースクラムで記載したタスクボードやバーンダウンチャートの利用は、毎日のミーティングの場で進捗を確認する目的だけではなく、いつでもスクラムチームやステークホルダーの全員が状況を把握し、スクラムがうまく進んでいることや問題が発生していることが一目でわかるというメリットがあります。開発者はリアルタイムにタスク状況を更新し、最新の状況を可視化するようにしています。

当社内で使用を推奨している進捗管理のツールについて以下に簡単に紹介します。[西村13]

7.5.1 タスクボード

タスクボードはスプリントのリアルタイムな状況を可視化するためのツールです。ホワイトボードと付箋があれば簡単にできます。スプリントの開始時に、当該スプリントで実施するタスクをすべて付箋に書き出します。ホワイトボードには、表形式で縦（行）方向に今回のスプリントで開発する開発アイテムを、横（列）方向にはタスクの状態を表す「To Do（未着手）」「Doing（実施中）」「Done（完了）」などを書いていきます。そして付箋（各タスク）を該当する状態の欄に貼り付けていきます（開始時点ではすべて「To Do（未着手）」）。

タスクが進むにつれて状態の変化に合わせてリアルタイムに付箋を移動させます。こうすることで、どのタスクが今どういう状況なのかが一目瞭然となり、スプリント全体の進捗状況が見える化されます。

タスクボードをみれば、スクラムチームの今の状態も一目でわかります。ずっと動きのないタスクはないか、何か障害があるのではないか、今回のスプリントは予定通りいくのか、ということが見えてきます。色シールなどで詳細なステータスを表したり、進行中の日数を表したりと、各スクラムチームがそれぞれ独自に工夫して使用しています。

タスクボードを使うことからも、スプリントプランニング時には、タスクのサイズが大きすぎないように注意をしています。大きすぎると動きが見えにくくなります。そのため大きすぎるタスクは分割するようにしています。

	To Do(未着手)	Doing(実施中)	Done(完了)
開発アイテム#1		タスク1-4	タスク1-1 タスク1-3 タスク1-2
開発アイテム#2	タスク2-3 タスク2-4	タスク2-1 タスク2-2	
開発アイテム#3	タスク3-1 タスク3-3 タスク3-2 タスク3-4		

図 7-3　タスクボードの例

なお、スプリントを進めるにつれ、To Doの付箋、つまりタスクが増えていくような状況は、スプリントがあまりうまくいっていないことを表しているといえます。

7.5.2　バーンダウンチャート

スプリントの進み具合を作業量ベースでグラフにより視覚化するものが**バーンダウンチャート**です。縦軸にタスクの残作業量（ストーリーポイントの合計）、横軸にスプリントの日程を書いた折れ線グラフを作成します。まずスプリントでのタスク消化計画に従い計画線を引いておきます。開始時点での合計の作業量（ストーリーポイント）がスプリント終了時に0になる線です。

これに毎日決まった時点で、その日の消化実績による残作業量をプロットして実績線を引いていきます。計画線と実績線の推移を見ることにより、計画と比較してタスクの消化が進んでいるのか、遅れているのかが一目でわかります。

これらの図は、全員が見えるところに貼り出しておくこととしています。

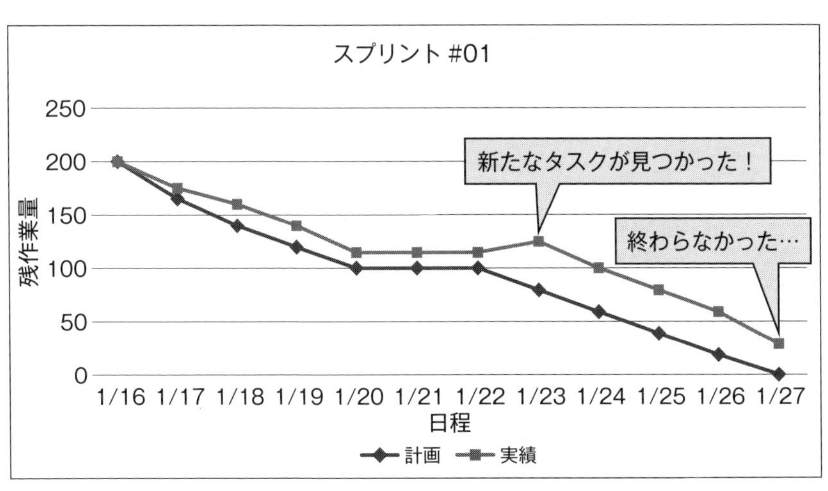

図7-4　バーンダウンチャート（このスプリントの期間は2週間）

テレワークなどで作業場所が分散している場合は、オンラインのカンバンボードなどのツールを利用して情報共有するようにしています。

7.5.3 その他

前出の二つの他にも、スクラムチームで確認したいことは工夫して見える化するのが良いでしょう。リリースに必要なプロダクトバックログのストーリーポイント残量を表した**リリースバーンダウンチャート**で、リリースへ向けて順調なのかを見ることや、課題をタスクボードのように貼り出して、状況を見ることなども有効です。

7.6 スプリントレビュー

スプリントレビューは、開発者が当該スプリントの成果物であるインクリメントを実際に動作させて、ステークホルダーへプレゼンテーションをする場です。ステークホルダーがイメージされている機能と実際の動作の差異、またここはこういう動作の方がより使いやすくなるなどのフィードバックを受け、プロダクト価値を高めていきます。

また、プロダクトゴールへ向けての進捗状況を関係者で共有し、今後の対応を調整することも目的の一つです。単なるプレゼンテーションのみに終わるのではなく、参加者は協力して、今後の対応について話し合いを行い、必要に応じてプロダクトバックログを調整していきます。

7.6.1 タイムボックス（時間枠）

スプリントレビューに割り当てるタイムボックス（時間枠）は、スクラムガイドの定義によれば、最大で4時間（スプリントの期間が1ヵ月の場合）となっています。当社でもこれを目安として、スプリントの期間に応じた適切な時間枠を割り当てるようにしています。

（例）スプリントの期間が２週間の場合、タイムボックスを２時間とする

7.6.2 スプリントレビューの参加者

スプリントレビューには、スクラムチームのメンバー全員および主要なステークホルダーが参加することとしており、これはプロダクトオーナーが招集します。ステークホルダー全員というわけではなく、当該スプリントで開発対象とした要求事項に合わせて、適切なステークホルダーを招集することが重要であり、そのようにプロダクトオーナーに要請しています。

7.6.3 レビューの対象

スプリントレビューで検査される対象は当該スプリントのインクリメント（完成の定義を満たすリリース可能な成果物）です。２回目以降のスプリントのインクリメントは、前回のスプリントで作成したインクリメントに対して、今回のスプリントで追加した増分を統合したものになります。１つのスプリントで複数のインクリメントが生成されることもありますが、スプリントレビューでの検査対象とされるのは最終のインクリメント、つまりそれ以前のインクリメントすべてを含め統合された成果物です。

7.6.4 スプリントレビューのアウトプット

スプリントレビューの結果として、ステークホルダーからの要望や問題点が示され、プロダクトの今後の改善点などが明らかにされます。それらは以降のスプリントで対応するかどうかを話し合い、必要に応じてプロダクトバックログへ要件追加や変更を実施（プロダクトバックログ・リファインメント）します。

スプリントレビューのアウトプットはプロダクトに対する要望や問

題点、つまり今後の改善点であり、最終的な成果物としては、アップデートされたプロダクトバックログになります。

7.6.5 実施方法

スプリントレビュー実施の準備、およびレビュー実施の流れについて記載します。

(1) 事前準備

スプリントレビューにあたっては、役割ごとに、以下のような事前準備をします。

● **プロダクトオーナーが準備すること**
- ・該当プロダクトバックログアイテムの受け入れ基準を満たしているかを確認する
- ・スプリントで完了したこと、未完了の事項を説明できるようにしておく
- ・参加者の決定および招集

● **スクラムマスターが準備すること**
- ・スプリントレビューの目的を参加者に説明する

● **開発者が準備すること**
- ・成果物が完成の定義を満たしていることを確認
- ・デモンストレーションする環境を用意し、リハーサルをしておく

● **スクラムチームとしての準備**（ステークホルダーからのフィードバックを多く得られるように質問を準備）
- ・期待した通りの機能や動作となっているか
- ・追加したい機能、削除したい機能はあるか
- ・ユーザーインタフェース（見た目や操作性）で気になるところはないか

など

(2) レビューの流れ

①スクラムマスターがスプリントレビューの目的と進め方を簡単に説明する

②プロダクトオーナーが、参加者をプロジェクトへの関わりを含め簡単に紹介する

③プロダクトオーナーから、スプリントでの開発項目（開発を完了したバックログ項目と完了できなかった項目があればその内容）を説明する

④開発者が今回のスプリントでの開発内容を成果物を実際に動作させながら説明（デモンストレーション）する（解決できなかった課題があれば共有する）

⑤ステークホルダーからのフィードバックやQ＆Aを実施する

⑥今後のスプリントの予定やリリース計画について情報共有する

⑦ステークホルダーは、プロダクトに関する状況の変化などがあれば共有する

7.6.6　スプリントレビューを実施するうえでの留意事項

スプリントレビューを本来の目的に沿って、適切に実施するために、当社では、以下のポイントに留意しています。

①受け入れ確認は事前に済ませておく

スプリントレビューは受け入れ基準を満たすプロダクトを提示してステークホルダーのフィードバックを受ける場である。レビューの場で受け入れ確認をするのではなく、プロダクトオーナーは事前に受け入れ基準を満たすことを確認しておく

②適切なフィードバックを得られる場に

プロダクトの目的に沿わないフィードバックは無駄である。スプリントの開発内容に合わせて、適切なステークホルダーを選んで呼ぶようにプロダクトオーナーに要請する

③詳細な進捗確認は別の場で

進捗確認が主目的ではない。詳しい進捗確認を求められる場合は、別の場を設けて実施するようにする

7.7 スプリント・レトロスペクティブ

スプリント・レトロスペクティブは、スプリントの最後の締めくくりとして実施するスプリントのふりかえりです。スプリントレビューでは、スプリントで作成された成果物に着目しますが、ここでは、スプリントそのもの（スクラムチームの動きやプロセス）がどうであったかに着目して、スクラムチームの全員でその行動のふりかえりを実施して、以降の改善につなげて、スクラムチームとして成長していくことを目的としています。

7.7.1 タイムボックス（時間枠）

スクラムガイドによれば、スプリントの期間が1ヵ月であれば、スプリント・レトロスペクティブのタイムボックス（時間枠）は最大3時間です。当社でもこれに準じて時間枠を割り当てています。スプリントの期間が短ければ、スプリント・レトロスペクティブの実施時間も短くするようにします。

（例）スプリントの期間が2週間の場合、タイムボックスを1.5時間とする

7.7.2 実施手順

スプリント・レトロスペクティブの実施手順を記載します。

(1) スプリントをふりかえる

スクラムチームの個人、スクラムメンバー間の関係、開発のプロセス、利用しているツール、スプリントの完成の定義の観点で、今回のスプリントはどうであったのか**ふりかえり**を行い、後述のツールなどを使い、うまくいった点、問題点、改善すべきことなどを挙げます。

スプリント・レトロスペクティブを円滑に進めるために、以下に示すような事前準備や会議の進め方を心掛けています。

- 事前にメンバーに必要な情報を展開しておく（スプリント内に完了したストーリー数・バーンダウンチャート・ベロシティ・不具合の発生数など）
- アジェンダやタイムスケジュールを明示してタイムボックス内に終わらせることを参加者に意識させる
- 特定の人がいつも発言するだけにならないようにする。参加者全員が発言できるようにファシリテータを決めて進めるとよい。慣れないうちはスクラムマスターがファシリテートしてもよい

(2) ふりかえりで挙げた項目を整理する

ふりかえりで挙がった項目について、うまくいった点については今後も継続していくこととし、問題点として挙げた項目については、改善策を検討するといった整理をします。改善策については、重要度により優先順位を付け、次のスプリントで改善を実施する最重要項目を1つ挙げておきます。これらのことは、すべてスクラムチームのメンバーが自主的に決めるものとしています。

(3) 改善策の実施を計画に盛り込む

次のスプリントで改善を実施することが決定した項目を確実に実施するため、改善課題として次のスプリント計画に盛り込みます。スプリントのタスクとして、スプリントバックログに追加して対応します。

スプリント・レトロスペクティブにおいて最も重要なことは、毎スプリントで何らかの改善項目を抽出して必ず１つは改善を実施することです。欲張って複数の改善を一気に実施しようとはせずに、一つひとつ着実に改善を積み重ねて、確実にチームを成長させていくことだと考えています。

7.7.3 効果的なツール

スプリント・レトロスペクティブを実施するうえで、ふりかえりのフレームワークである「KPT（Keep Problem Try）」が目的にマッチしていると当社では考え、これを使用してスプリント・レトロスペクティブの実施をしています。「KPT」は広く一般に知られるフレームワークであるため、敢えてここで説明することはしません。

KPTおよびその他のふりかえりツールとして代表的なものを表7-1に示します。各々のプロジェクトで状況に応じて、適切なツールやフレームワークを選定すればよいと考えています。

表7-1　代表的なふりかえりツール

名前	概要
KPT	Keep（できたこと）、Problem（改善すべき問題点）、Try（新たに取り組むこと）を洗い出し、改善につながる具体的な施策・アクションを導き出す オンラインでKPTを行えるKPTonなどもある。
YWT	「Y（やったこと）、W（わかったこと）、T（次にやること）」をまとめる。経験したこと、そこから学んだことをふりかえり、これを踏まえ次に何をするかを考える
KPTA	KPTのTRY（新たに取り組むこと）部分で、大まかな取り組み内容だけでなく、具体的なアクションを書き出す考え方
PDCA	Plan（計画）→Do（実行）→Check（評価）→Act（改善）の流れで継続的に改善を繰り返す方法。それぞれの項目に当てはめながら施策を進める
LAMDA	Look、Ask、Model、Discuss、Actの頭文字からなる。「現地現物」「双方向コミュニケーション」「プロトタイプ化」「フィードバックの吸収」を考え方のポイントとして、より具体的な取り組みに落としこむ点で、PDCAをより高度にしたものといえる

7.8 リリース

スプリントでの成果物であるインクリメントについて、実際にいつ**リリース**するかは、プロダクトオーナーの判断になります。スプリントごとにリリースする場合もあれば、ある程度まとまった機能が完成した時点でリリースする場合もあります。

リリースを行うスプリントでは、最終的なテストや成果物の準備と納入などの必要な作業（リリース作業）を実施します。リリース作業は、通常はスプリント内のタスクとしてスプリントプランニングで計画して実施します。

プロダクトオーナーがリリーススケジュールを早めにスクラムチームに伝え、共有しておくことで、開発者もリリース作業をスプリント計画に組み込むことができます。

プロジェクトの契約および計画によって個々に異なりますが、実際のリリース作業の内容の例としては以下のようなものが挙げられます。

・受け入れテスト
・非機能要件（性能、セキュリティ）のテスト実施
・本番環境へのデプロイ
・設計ドキュメント、手順書、マニュアル類の作成、納入

7.9 プロダクトバックログ・リファインメント

プロダクトバックログ・リファインメントは、プロダクトバックログの各項目をより明確化・詳細化し、優先順位を見直すことにより、プロダクトへの要求の共通理解を高め、次のスプリントを優先度に基づきスムーズに進めることができるようにするものです。プロダクトオーナー(顧客) が中心となり主導するものです。当社は開発者ですが特にプロダクトバックログ項目の見積りなどで積極的に協力しています。

7.9.1 タイムボックス（時間枠）と実施タイミング

プロダクトバックログ・リファインメントのタイムボックス（時間枠）については、スクラムガイドでは開発者の作業量の10%以内とされています。当社では、この活動を主導するプロダクトオーナーに基本的には従っていますが、開発者の時間が多く取られるような場合は、参加する人数を必要最小限に抑えることをプロダクトオーナーと調整するようにしています。

実施タイミングについては特に規定はなく、必要なときに任意で実施するものですが、スプリント中に1度は実施すべきであり、全く実施されない、あるいは不足している場合は、プロダクトオーナーに要請することもあります。

7.9.2 実施内容

プロダクトバックログ・リファインメントの具体的な実施内容としては、以下のようなものがあります。

①要求事項の追加・変更・削除

ステークホルダーからの要請で新たな要求事項の追加、変更、削除を行う。類似や重複する項目がある場合も纏めるなど整理をする。

②優先順位の見直し

ステークホルダーの要望を踏まえて、要求事項の優先順位を見直し、必要があれば並べ替えを行う。開発の効率性などの都合により、優先順位の変更や項目の追加を開発者から提案する場合もある。

③サイズ調整

1つの要求事項のサイズが大きい場合、1スプリント内に収まる大きさとなるように、分割しサイズを調整する。

④仕様の明確化・詳細化

要求事項を設計に落とし込むことができる程度に具体化し、詳細化する。プロダクトオーナーは詳細な要求仕様を開発者に説明して、認識を共有する。

⑤受け入れ基準の設定

プロダクトオーナー観点での受け入れ基準を各々の要求事項に対して設定する。

⑥見積り

プロダクトオーナーからの説明を受けて、開発者は要求事項の規模を算出する。ここでの見積りは工数（時間）ではなく、規模（ストーリーポイント）で算出する。

7.9.3　実施するうえでの留意事項

プロダクトバックログ・リファインメントを実施するにあたり、心掛けていることを以下に記載します。

- プロダクトバックログ・リファインメントが頻繁に行われ、要求事項が常に最新かつ精緻であることは良いことだが、これが開発作業を圧迫してはいけない。開発作業に影響が出る場合は、プロダクトオーナーと調整するようにする
- プロダクトオーナーから開発者への一方通行的な要求事項の伝達の場としてはいけない。開発者からも積極的に実装前提の質問をするなど、双方向の議論となるようにし、曖昧な点は解消して認識の一致を図るようにする
- 1回のプロダクトバックログ・リファインメントで対象とするのは、直近のスプリントで採択するのに不足のない程度の要求項目数でよいと考えており、そのようにプロダクトオーナーと調整する。

参考文献［KEN & JEFF20］

第8章

品質管理

これまでスクラム開発での開発プロセスや手法について説明してきました。スプリントごとに機能をリリースするスクラム開発において品質を担保するには、開発者が各スプリントで完成の定義を忠実に守って開発することが肝要です。スクラム開発では、リリース可能な成果物（インクリメント）を生成しますが、より品質を作りこむための**品質管理**が必要と考えています。

当社では「アジャイル開発における品質の定量的指標がなかったころに、インクリメントの品質への判断に顧客の手間をかけさせてしまった」という苦い経験があります。また一般に発売されている書籍などにおいても、スクラムの品質について述べた標準的なものはあまり見かけません。

本章では、当社がスクラム開発における品質確保のために行っている方法を記載します。

8.1 スクラム開発での品質の考え方

8.1.1 一般的な品質の定義

品質についての考え方は、ISO/JISの規格や文献などでも定義されていますが統一されたものはありません。**ISO9000：2015**の定義では、3.6.2 品質（quality）で「対象（3.6.1）に本来備わっている特性（3.10.1）の集まりが、要求事項（3.6.4）を満たす程度」とあります。それぞれ、「3.6.1 対象（object）、実体（entity）、項目（item）：認識できるもの又は考えられるもの全て」「3.10.1 特性（characteristic）：特徴付けている性質」「3.6.4 要求事項（requirement）：明示されている、通常暗黙のうちに了解されている又は義務として要求されている、ニーズ又は期待」となります。すっきりと言い換えると、「製品やサービスが顧客からの要求事項やニーズに合っているかを決める条件」です。[ISO9001:2015]

アジャイル宣言の背後にある12の原則では、「動くソフトウェアこそが進捗の最も重要な尺度」とあります。**スクラム開発での品質は、プロダクトバックログの受け入れ基準を満たしていることと同義**です。この受け入れ基準は、市場にリリースする場合と内部関係者にリリースする場合とでは異なり、内部関係者向けリリースでは比較的低い品質基準が設定される場合もあります。また、米国の品質マネジメントのコンサルタントで『欠陥ゼロ（Zero Defects)』運動の生みの親であるフィリップ・クロスビー（Philip B Crosby）は、品質の定義を「要求条件への合致」としており、『プログラミングの心理学［25周年記念版］』[WEINBERG11]の著者であるジェラルド・ワインバーグは、「品質は誰かにとっての価値である」と定義しています。

8.1.2　当社独自の品質の定義

上記ほか各種文献や、業務経験、コミュニティ活動などにより、当社ではスクラム開発での品質をリリースの重要な要素と捉え、**ソフトウェア品質、プロセス品質、チーム品質**という3つの側面を独自に定義し品質を評価することにしています。それぞれの側面は以下のような定義になっています。

・ソフトウェア品質は、インクリメントが完成の定義を満たしていること
・プロセス品質は、プロジェクト計画書で定義したプロセスやプラクティスを実行し、それらが効果的であるかを継続的に検査し、継続

的に改善されていること
・チーム品質は、スクラムチームとして各担当がその役割を適切に遂行していること

このような定義となったのは以下の考え方からです。

ソフトウェア品質は、プロジェクト計画時に設定した品質指標を使用し、レビューやテストから得られるメトリクスを定量的に分析、評価するもので、完成の定義への適合を常に確認できる状況にしておくという考え方です。これはウォータフォール開発と同様です。

しかしながら、1スプリントでの開発規模が極めて小さいことが多いスクラム開発では、このメトリクスだけで品質を判断するのは現実的ではありません。そこでプロセス品質とチーム品質の2つの側面を加えて評価することにしました。

プロセス品質は、プロジェクトで計画されたプロセスやプラクティスを着実に実施・改善していくことによって、想定した品質のインクリメントが生成されるという考えを加えます。

チーム品質は、スクラムチームの各自がそれぞれの役割を適切に実行し、高い能力を発揮することができれば、インクリメントの品質に対しても大きな影響を与えることができるという考えを加えます。

8.1.3 顧客に対する品質報告の必要性

開発対象の製品やサービスに対しての品質について、顧客から定量的な説明を求められることがよくあります。その顧客のニーズに対して開発者は応えなければなりません。そのため、開発者は、定量的なデータによる客観的な分析結果といった裏付けを元にした説明を心掛けます。これにより顧客は、現時点での品質につき正確に理解でき、また、安心感にもつながります。さらに、品質報告を顧客の意見を聞き出すよい機会と捉えると、開発を良い方向にもたらす大事な場といえます。

8.2 品質管理活動

スクラム開発の**品質管理活動**は、品質計画、品質の作りこみ、品質の最終確認と従来のウォータフォール開発と基本的には変わりはありません。しかし、どのタイミングで見るかという点で少し異なります。

ウォータフォール開発では、工程ごとに中間成果物を作成し、それらレビューでの指摘件数といったような代用特性を使って品質を推定し、工程移行を判断し、最終成果物の受け入れテストで品質の最終確認をしてきました。つまり、ウォータフォール開発では品質の要件をプロジェクト計画時に定義しますが、それを確認できるのは、プロジェクトの後半であるため、致命的な問題でも発見が遅い場合があり得ます。スクラム開発では、各スプリントレビューによって、インクリメントの品質を直接判断する形になるので、ウォータフォール開発よりも問題を早期に発見できる可能性が高いといえます。

以下に、スクラム開発での品質管理活動について、品質計画、品質の作りこみ、品質の確認の順に説明します。

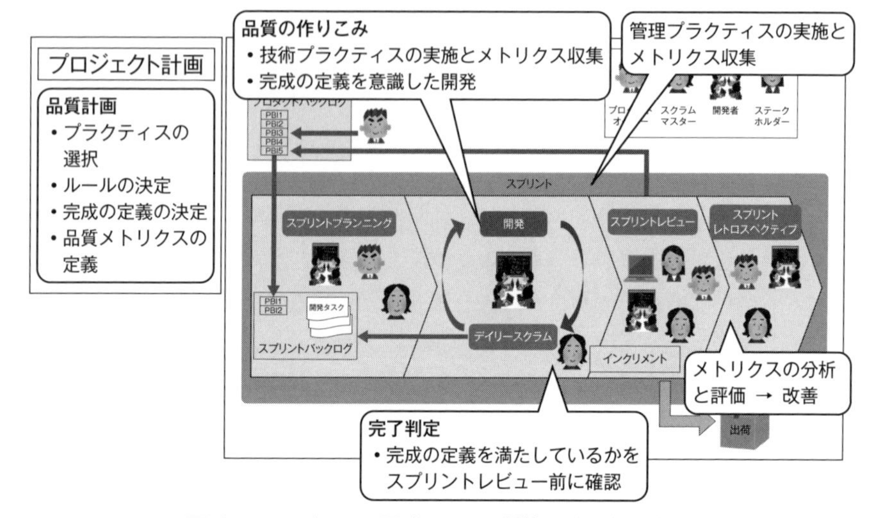

図 8-1　スクラム開発での品質管理活動の流れ

8.2.1　品質計画

プロジェクト計画時には、以下を決定します（6.7.1項参照）。

- 適用するマネジメント系プラクティス（スクラムイベントなどを含む）
- 適用する技術プラクティス
- プロジェクトで利用する各種ルール
- ソフトウェア品質を担保するための完成の定義
- プロセス改善に必要なメトリクス・項目の定義（ソフトウェア、プロセス、チーム）

特に技術プラクティスでは、アジャイルな（俊敏な）開発をするために、以下のプラクティスを推奨しています（「7.2　開発（技術プラクティス）」参照）。

- ユニットテスト（テストの自動化を含む）
- リファクタリング
- テスト駆動開発
- 継続的インテグレーション
- ペアプログラミング

作成するプロダクト、チームのスキルなどを考慮し、今回のプロジェクトにとって必要なプラクティスを決定します。また、ここで決定したプラクティスやルールは絶対ではなく、多くのスクラム開発を通じて、またスプリントごとに改善を続けていくものです。

スクラム開発はスプリントの反復での開発です。このことによりウォーターフォール開発プロジェクトよりも改善の機会が多くあります。プロダクトの品質は、人、技術、プロセスなどが作用して作りこまれますが、スクラム開発でいえば、スクラムチーム、ソフトウェア開発の技術、フレームワークや技術プラクティス、スクラムイベントのようなマネジメント系プラクティスが相当します。これら品質に関わる要素も、スプリントの反復の中で改善していけることになります。

質の良いプロセスにより、質の良いプロダクトが生まれる確率が高まります。プロセスを系統的、継続的に改善するためには、プロセスに関する評価項目を定義したうえで、収集、分析し、評価することが必要です。このため、当社では品質計画でスクラム開発のプロセスを評価するための項目を定義しています。

同様に、スクラムチームのメンバー全員が自律的にその役割を果たすことで品質を確保できるとの考えに至り、チームを評価するための評価項目を定義しています。

具体的な評価項目については「8.3　品質データの収集および分析について」で説明します。

8.2.2　品質の作りこみ

品質の作りこみは、「品質計画で採択したスクラムや技術プラクティスを実践し、ルール通りに開発を進めること」「成果物が完成の定義を満たすこと」「プロダクトバックログの各項目が受け入れ基準を満たし完了したことを確認すること」によって実現されます。これらの実施を意識して、開発作業を行うこととしています。

加えて、開発作業にあたり以下の観点を心がけています。

- 設計および実装と同時にテストを実施し、常に動くソフトウェアであることを確認する
- 品質測定やテスト実施など作業はできるかぎり自動化し、開発者に負担をかけない
- 短期間で変更できるよう、変更容易性を実現するアーキテクチャや開発技法を採用する
- 開発チームの自律性を尊重し、人間的要因へ配慮して高い意欲を保持する

スクラム開発では、推奨される技術プラクティスであるユニットテストやテスト駆動開発などから、動作させテストをしながら作り上げていくテスト重視の開発スタイルに見られがちですが、設計やコードのレビューも重要であることは言うまでもありません。テストで網羅できない穴をコードのレビューで補完することができます。7.2.5 項で述べたペアプログラミングやモブプログラミングもスクラム開発でよく使われるレビュー手法です。

開発中にはレビューおよびテストで得られる品質メトリクスを適時チェックして、問題の対策をして品質を作り上げていくようにします。これはウォーターフォール開発と変わりません。

なお、プロジェクト計画書で定義したソフトウェア品質、プロセス品質、チーム品質に関する評価項目をスプリント中に収集していきます。

8.2.3　品質の確認

スクラム開発では、スプリントレビューを通して、プロダクトバックログの最終的な品質判断を行います。開発者は、スプリントレビューの前に、成果物が完成の定義を満たしているかを確認しておきます。完成の定義を満たしていない場合は、インクリメントではないので、スプリントレビューをすることはできません。

スプリント・レトロスペクティブでは、ソフトウェア品質、プロセス品質、チーム品質の各項目について、8.3.5 項で述べるスクラム品質評価シートを用いて分析し、評価します。その結果を以降のスプリントの反復の中で改善していくことで、スクラムチームとしての品質と効果を高めていき、成長していくことができます。また、スプリントごとにその経過を見ていくことで、チームの成長を判断することができ、またそれがチームのモチベーションとなって、さらにチームの品質向上につながります。

8.3 品質データの収集および分析について

8.1.2項でも述べた通り、スクラム開発でのプロダクト品質を測定・評価するにあたっては、以下の３つの側面があります。

· ソフトウェア品質
· プロセス品質
· チーム品質

評価、分析した結果については、スクラムチーム内で共有し、以降の改善を計画する材料とするほかに、顧客から品質見解などを求められた場合にそれに応えることにも使用しています。また、当社のプロジェクト実績データとして保存し、今後の開発プロジェクトの参考として利用できるように蓄積していきます。

上記３つの側面における品質の考え方とそれぞれにおいて何を測定・評価していくのか、またその評価方法（評価基準）について以下にまとめます。なお、ここにまとめる測定項目や評価方法は当社の基本的な考え方となるものであり、実際の運用では、個々のプロジェクトの特性に応じて追加や削除などカスタマイズして使用することを想定しています。

なお、評価内容については、プロジェクトの計画時において、その開発内容やプロジェクト特性を考慮したうえで定義することとしています。

8.3.1 ソフトウェア品質

ソフトウェア品質とは、開発の各工程の進行により、工程の成果物である設計書やコードのレビュー実施結果、テストの実施結果から得られるメトリクスを、**プロジェクト計画書**に設定した**計画指標**（**品質指標**）と比較して、ソフトウェア成果物の品質を測定・評価して表します。これは、ウォータフォール開発でもよく見られる考え方です。ただし、スプリントの実績値の蓄積が非常に少ないスクラム開発の初期段階では、統計的な標準数値や過去の類似プロジェクトのデータを基準として品質の良し悪しを判断するのは現実的ではありません。そこで開発者は、スクラム開発のスプリント単位でメトリクスを監視し、その数値が安定的に推移しているか、他のスプリントと大きく乖離したものがないかを監視して、品質上の問題の有無を予測することも加えて実施しています。

8.3.1.1　ソフトウェア品質の測定項目

設計成果物のレビュー、実装成果物であるコードのレビュー、各テストの実施結果から得られるメトリクスを品質指標として測定します。

表8-1　ソフトウェア品質の測定項目

評価観点	測定項目	補足
レビュー量の適切性	レビュー工数（人時）	
	レビュー密度（レビュー工数／Kstep）	
レビュー指摘量の適切性	レビュー指摘数	
	レビュー指摘密度（レビュー指摘数／Kstep）	
テスト件数の適切性	テスト件数	
	テスト密度（テスト件数／Kstep）	
テストバグ数の適切性	バグ数	
	バグ密度（バグ数／Kstep）	
完成判定後のバグ発生量の推移（スプリントごと）	完成判定後バグ数（≒従来の出荷後バグ）	完成判定以降に発生したバグ数
	完成判定後バグ密度（完成判定後バグ数／Kstep）	

8.3.1.2　ソフトウェア品質の評価方法

ソフトウェア品質の測定項目として設定した各項目について、その測定・評価タイミングと評価基準について記載します。

測定・評価タイミングは各レビューやテストの終了時にメトリクスを取得し、計画した品質指標と比較をして評価を加えます。そして、スプリント終了時には、実績値を過去のスプリントと比較して数値に大きな乖離がないかなどで妥当性を評価します。

表 8-2　ソフトウェア品質の評価方法

測定・評価項目	測定・評価タイミング	評価方法（基準）
レビュー密度（人時／Kstep）	各レビュー終了時、スプリント終了時	レビュー終了時に計画値と実績値を比較する。許容範囲（計画± 10% など）に収まっているかを見る スプリント終了ごとに密度の実績値を過去のスプリントと比較し、値の推移に異常がないかを見る。他のスプリントとの大きな乖離が出た場合は原因分析する
指摘密度（件／Kstep）		
テスト密度（件／Kstep）	各テスト終了時、スプリント終了時	テスト終了時に計画値と実績値を比較する。許容範囲（計画± 10% など）に収まっているかを見る スプリント終了ごとに密度の実績値を過去のスプリントと比較し、値の推移に異常がないかを見る。他のスプリントとの大きな乖離が出た場合は原因分析する
バグ密度（件／Kstep）		
完成判定後バグ数	発生都度計上（測定） プロジェクト完了時（評価）	スプリントごとに当該スプリント起因のバグを集計する。最終的にスプリントごとのバグ密度の推移を見る。0件が基本と考え、1件以上発生したら当該スプリントの進め方に何らか問題があったと判断。問題の根本原因分析と水平展開を実施し、再発防止を行う
完成判定後バグ密度（完成判定後バグ数／Kstep）		

8.3.2　プロセス品質

プロセスの良し悪しが、プロダクトの品質に大きく影響するとの考え方のもと、品質の代用特性の一つとして、プロセスの品質を使うことにしています。スクラム開発のプロセスとして、スクラムのフレームワークを正しく実践しているかどうかをはじめとして、効率的な開発、品質を高めることに貢献する技術プラクティス、ツールや管理手法の活用状況および各種規約への準拠などを**プロセス品質**として評価することにより、プロダクト品質を推定しています。

8.3.2.1　プロセス品質の評価項目

スクラムフレームワークの各イベントが、スクラムガイドに準じて適切に実践されているか、開発プロセスにおいて効果的なプラクティス、ツールが活用されているか、また各種規約への準拠などを見るとともに、各イベントにおいて、目的とする成果がアウトプットできているかを評価の観点として、評価項目を設定します。

表8-3　プロセス品質の評価項目一覧（1/3）

評価観点	評価項目	補足
スプリントプランニングの適切な実践	実施の有無	実施必須
	タイムボックス	スクラムガイド推奨の時間枠が基準
	参加者	スクラムチームのメンバー全員が基本
	成果の達成度	以下成果物の作成 ・スプリントバックログ ・タスク分けと分担 ・スプリントゴール ・完成の定義

表 8-3　プロセス品質の評価項目一覧（2/3）

評価観点	評価項目	補足
デイリースクラムの適切な実践	実施の有無	実施必須
	タイムボックス	スクラムガイド推奨の時間枠が基準
	参加者	開発者全員が必須
	プラクティス / ツールの実践	・タスクボード（かんばん） ・バーンダウンチャート
	目的達成度	以下のことができているか ・進捗管理 ・課題管理 ・スプリントゴールに向けた作業調整
スプリントレビューの適切な実践	実施有無	実施必須
	タイムボックス	スクラムガイド推奨の時間枠が基準
	参加者	スクラムチーム全員および適切なステークホルダーが基本
	成果の達成度	・適切なフィードバック ・プロダクトバックログの適応
スプリント・レトロスペクティブの適切な実践	実施有無	実施必須
	タイムボックス	スクラムガイド推奨の時間枠が基準
	参加者	スクラムチーム全員が基本
	成果の達成度	・KPT の抽出 ・次スプリントで改善する最重要課題 ・完成の定義の見直し

表 8-3　プロセス品質の評価項目一覧（3/3）

評価観点	評価項目	補足
プロダクトバックログ・リファインメントの適切な実践	適切な実施頻度	
	成果の達成度	・最新化されたバックログ ・可用性の維持
開発プラクティス、ツールの活用の有無	ペアプログラミング	
	テスト駆動開発	
	ユニットテスト	
	テスト自動化	
	継続的インテグレーション	
	リファクタリング	
	静的解析ツール	
	カバレッジ測定	
	構成管理	
	その他（上記以外に活用したもの）	
各種規約の準拠	コーディング規約	
	ドキュメント規約	
	その他	それ以外に適用した規約

8.3.2.2　プロセス品質の評価方法と改善のタイミング

プロセス品質の評価項目として設定した各項目について、その評価タイミングおよび基準について以下にまとめます。

評価タイミングとしては、スプリントごとにふりかえりを実施するスクラムの特色を生かし、スプリント・レトロスペクティブを利用しています。スプリント・レトロスペクティブの結果で生まれた改善策を以降のスプリントに盛り込み、改善を実施していくことにしています。

評価の基準については、プロセスが適切に実施されているかどうかの観点で○／△／×などで段階評価した後、評価ポイントとして数値化し、総合ポイントで評価します。×があってはならないとはしていませんが、スクラムイベントなど必須のプロセスについては、×の場合の評価ポイントを大きくマイナスするなども一つのやり方です。現状ここはプロジェクトごとの匙加減としています。

表 8-4　プロセス品質の評価方法（1/3）

評価項目		評価タイミング	評価方法（基準）
スプリントプランニング	実施の有無	スプリントプランニング終了時	○（実施）／×（非実施）
	タイムボックス		○（適切）／×（長過ぎ）
	参加者		○（適切）／×（不適切）
	目的の達成度合い		○（達成）／×（未達）
デイリースクラム	実施の有無	デイリー、スプリント終了時	○（実施）／△（一部）／×（非実施）
	タイムボックス		○（適切）／×（長過ぎ）

表 8-4　プロセス品質の評価方法（2/3）

評価項目		評価タイミング	評価方法（基準）
デイリースクラム	参加者	デイリー、スプリント終了時	○（適切）／×（不適切）
	プラクティス / ツールの実践		○（実施）／×（非実施）
	目的達成度		○（達成）／×（未達）
スプリントレビュー	実施有無	スプリントレビュー終了時	○（実施）／×（非実施）
	タイムボックス		○（適切）／×（長過ぎ）
	参加者		○（適切）／×（不適切）
	成果の達成度		○（達成）／×（未達）
スプリント・レトロスペクティブ	実施有無	スプリント・レトロスペクティブ終了時	○（実施）／×（非実施）
	タイムボックス		○（適切）／×（長過ぎ）
	参加者		○（適切）／×（不適切）
	成果の達成度		○（達成）／×（未達）
プロダクトバックログ・リファインメント	適切な実施頻度	スプリント終了時	○（適度に実施）／×（非実施）
	成果の達成度		○（達成）／×（未達）
開発プラクティスツールの活用	ペアプログラミング	スプリント終了時	○（実施）／×（非実施）
	テスト駆動開発		

表 8-4　プロセス品質の評価方法（3/3）

評価項目		評価タイミング	評価方法（基準）
開発プラクティスツールの活用	ユニットテスト	スプリント終了時	○（実施）／×（非実施）
	テスト自動化		
	継続的インテグレーション		
	リファクタリング		
	静的解析ツール		
	カバレッジ測定		
	構成管理		
	その他		
各種規約の準拠	コーディング規約	スプリント終了時	○（準拠）／×（非）
	ドキュメント規約		
	その他		

8.3.3 スクラムチーム品質

プロセス品質と同様、スクラム開発に関わるチームが計画通りに高い能力を発揮することにより品質の高いプロダクトを生みだせるとの考えのもと、品質の代用特性として**スクラムチーム品質**を使うものです。スクラムの体制が適切に構築され、十分に機能しているか、スクラムチームの特性が良い相乗効果もたらしているか、スクラムチームの生産能力（ベロシティ）の推移などを、スクラムチーム品質として評価をすることにより、プロダクトの品質を推定しています。

8.3.3.1 スクラムチーム品質の評価項目

スクラムチーム品質の評価項目は、スクラムチーム全体を以下の観点で捉え、設定します。

- 必要な技量を備え、チーム各人がその役割を十分に果たしていること
- 自己組織化され、良好なコミュニケーションのもとで協力し合う相乗効果を生んでいること
- スクラムチームの生産能力として毎スプリントで計画に従ったインクリメントを提供できていること
- ベロシティ実績の推移

表 8-5　スクラムチーム品質の評価項目一覧

評価観点	評価項目	補足
スクラム開発の体制の適切性	プロダクトオーナー	役割を十分に果たしているか
	スクラムマスター	役割を十分に果たしているか
	開発者	全体として必要なスキルを備えているか
	ステークホルダー	プロダクトに関する情報、フィードバックを適時、適切に提供しているか
スクラムチームの特性	自己組織化しているか	
	コミュニケーションは良好か	
スクラムチームの生産力	ベロシティ（完了 SP 総数）	スプリントごとに推移をみる
	計画SP完了率（完了SP数／計画 SP 数）	100% に近い数値が望ましい
手戻り作業率：手戻り作業の開発作業に占める割合 ※手戻りが生産力に与えた影響を見る（スプリントごと）	手戻り工数（人時）	既に完了した開発アイテムの作業＝バグ Fix、要求誤解による修正などの対応工数
	手戻り率（%）	手戻り工数（人時）／当該スプリントの計画総工数（人時）

SP：ストーリーポイント

8.3.3.2 スクラムチーム品質の評価方法と改善のタイミング

スクラムチーム品質の評価項目として設定した各項目について、その評価タイミングおよび基準について以下にまとめます。

評価タイミングとしては、スプリントごとにふりかえりを実施するスクラムの特色を生かし、スプリント・レトロスペクティブを使います。スプリント・レトロスペクティブの結果で生まれた改善策を以降のスプリントに盛り込み、改善を実施していくことにしています。

評価基準については、プロセス品質と同様に段階評価方式で、評価に評価ポイントを付与して総合評価をすることにしています。×があってはいけないとはしていませんが、評価項目の重要度に応じて、評点を大きく減点するなど、評価ポイントの重み付けの匙加減はプロジェクトごとに決めています。

表 8-6　スクラムチーム品質の評価方法（1/2）

評価項目		評価タイミング	評価方法（基準）
体制の適切性	プロダクトオーナーが役割を十分に果たしているか	スクラム各イベント時、スプリント終了時（最終）	○（良）／△（可）／×（不足）
	スクラムマスターが役割を十分に果たしているか		○（良）／△（可）／×（不足）
	開発者が全体として必要なスキルを備えているか		○（良）／△（可）／×（不足）
	ステークホルダーがプロダクトに関する情報、フィードバックを適時、適切に提供しているか		○（良）／△（可）／×（不足）

表 8-6　スクラムチーム品質の評価方法（2/2）

評価項目		評価タイミング	評価方法（基準）
体制の適切性	計画時の構成人員数で安定しているか	スクラム各イベント時、スプリント終了時（最終）	○（安定）／△（変動小）／×（変動大）
特性	自己組織化しているか	スクラム各イベント時、または開発中の任意の時点スプリント終了時（最終）	○（良）／△（可）／×（不足）
	コミュニケーションは良好か		○（良）／△（可）／×（不足）
生産力	ベロシティ（完了 SP 総数）	スプリント終了時	スプリント終了ごとにベロシティの推移を見る 安定推移または上向き＝生産力向上（成長傾向）が望ましい。 バラつきが大きい、低下の場合は原因分析して改善策を立てる
	計画SP完了率（完了SP数／計画 SP 数）		90% 以上：○／70%以上：△／70% 未満など
手戻り作業率	手戻り工数（人時） 手戻り率（%）	スプリント終了時	スプリント終了ごとに手戻り率を集計する。 減少傾向＝品質上向きと判断する

SP：ストーリーポイント

8.3.4 測定および評価における留意事項

品質測定および評価を行う際は、以下の点に留意しています。

・測定や評価に時間をかけない。できるだけ自動測定を目指す。自動測定できないものは評価が容易な項目を対象にする（スクラム開発のメリットを損なわないため）
・測定や評価だけで終わらせない。問題が見られる場合には原因を正しく捉え、以降でプロセスなどを改善していくことが最も重要
・1 Kstep 以下などといった規模の小さい開発でのメトリクスは、非常にバラつきが大きくなる傾向があることを念頭に置くこと

8.3.5 スクラム品質評価シート

ここまでに述べた３つの側面における品質測定の対象項目をプロジェクト計画において設定し、これを評価するため、評価項目とその評価を一つのチェックシート形式で評価できる「**品質評価表**」を「資料３ **【雛型】プロジェクト計画書兼報告書**」内に掲載しています。各測定項目の評価に応じた評価ポイントで数値化することで、全体としての品質の総合評価を定量的に可視化できるようにしています。

第9章 終結

スクラム開発のプロジェクト終了時は、プロジェクトの実績をまとめ、プロジェクト計画と実績の差異分析をしたうえで、**プロジェクト実績のふりかえり**を実施します。これにより、良い結果が出て今後も継続していく点、問題があり今後改善を実施していく点を洗い出して、今後の開発に活かす教訓を得て、以後のプロジェクトにおいてさらなるQCD（Quality、Cost、Delivery）の向上につなげていきます。また、その実績や得られた教訓は、社内に共有し、参考データとして有効に活用できるようにしています。

本章では、当社において、プロジェクトを終結させる際に実施している活動について説明します。

9.1 プロジェクトの実績評価とふりかえり

スクラム開発のプロジェクト終了時は、プロジェクトの実績データをまとめ、当初のプロジェクト計画と照らし合わせて評価し、差異があったのはどこか、それは何が問題であったからなのかなど差異分析をしたうえで、プロジェクトのメンバー全員でふりかえりを実施します。仕事が効果的に行われたか、すべての作業が予定通りに実施されたか、QCDの実績はどうであったか、順調に進んだ作業と今後改善する余地がある作業について検討します。そのことで、今回のプロジェクトで何を達成したのか、足りなかったのは何かを把握して、次のステップを明確にすることができます。

このようにして、プロジェクトのメンバーは全員、今回のプロジェクトで得た重要な教訓を今後の取組に反映させていきます。

9.2 プロジェクト完了報告

プロジェクトの完了報告は報告書を作成し、報告会を実施することで行います。

9.2.1 プロジェクト完了報告書作成

プロジェクトのふりかえりと実績評価を実施した結果の記録として、「**プロジェクト完了報告書**」を作成します。「資料3 **【雛型】プロジェクト計画書兼報告書**」には、「プロジェクト完了報告書」のフォームを掲載しています。このフォームに従い必要事項、予実績のデータや評価を記載してプロジェクト完了報告書を作成します。

9.2.2 プロジェクト完了報告の実施

プロジェクト関係者（部門管理者、品質管理部門、プロジェクトメンバー）を招集し、作成したプロジェクト完了報告書をもとにプロジェクト完了の報告会を実施します。

9.3 プロジェクト実績の保管

プロジェクトで得た実績を残すことはその後のプロジェクトの参考となるばかりでなく、重要な教訓を把握して、全社に共有することができます。他のプロジェクトの関係者もその教訓から学び、その結果を自分たちのプロジェクトに取り入れることができます。

当社で**プロジェクト実績データ**として保管しているものは以下の通りです。

- プロジェクト計画書（計画と最終的な実績が記載され、予実対比ができるもの）
- プロジェクト完了報告書（予実差異分析と評価が記載されたもの）
- 品質管理指標（予定と実績が記載されたもの）

過去のプロジェクトの実績を参考にしてプロジェクトを計画し(Plan)、プロジェクトを実行し（Do)、プロジェクト実施ごとに、チームのプロセス、コミュニケーション、プロジェクト実行について詳しく観察し（Check)、改善、効率化する（Act）ことで、プロジェクトの管理方法を継続的に改善することに役立ちます。

蓄積されたプロジェクト実績データは、開発を請け負った会社の大きな財産になるといえます。

第3部

各種資料

資料1 インセプションデッキの作り方・注意点

当社ではインセプションデッキを作る際の10個の項目からなるテンプレートについて、『Jonathan Rasmusson 著，西村直人・角谷信太郎 監訳，近藤修平・角掛拓未 訳，アジャイルサムライ－達人開発者への道，2011年，オーム社』の監訳者である角谷信太郎氏が下記のGitHubに公開されているものから使用させていただき、ここでもそれをベースに解説をします。掲載にあたっては、Creative Commonsの表記もしています。

https://github.com/agile-samurai-ja/support/tree/master/blank-inception-deck

なお、「資料6　スクラムの実例紹介」のインセプションデッキはこの資料1を参考に作成しています。

項目1：我われはなぜここにいるのか

これは言葉のとおりに読み取れば、これから自分達が携わるプロジェクトは何を目的に、何を開発しようとしているのかを把握することと捉えることができます。つまり、どんな顧客向けにどういったプロダクトを開発するのか（プロジェクトの概要）、その背景にはどのような顧客の目的・構想があるのか（背景、顧客の目的やビジョン）を明確にして、そのプロダクト開発によって実現したいこと、プロジェクトの目指すゴールをチーム全員が同様に認識することだと私たちは解釈しています。

ここで取り上げる内容は、プロジェクト計画時、さらにプロジェクト実行時において、最も基本的な指針となる重要事項であり、プロジェクト計画書に明記している内容になります。「資料2　1.1　プロジェクト概要」の以下の項目が該当します。

- システム概要
- 顧客名
- 背景／目的（ビジョン）

この項目は、第2部5.1.1項でも述べた、顧客のビジョンを明確に把握することもその一端であり、顧客との話し合いの場では、開発の背景やビジョンなど顧客の想いをよく聞き出すようにしています。

項目2：エレベーターピッチを作る

エレベーターピッチとは、エレベーターの扉が閉まってから目的階で開くまでの30秒ほどのごく短い時間でアイディアを他人に伝えることから来ています。当社ではこの項目を、誰を対象にどのようなプロダクトを開発するのか、それによってどんな目的を果たしたいのか、他と差別化できる具体的なプロダクトの価値は何かなど、プロダクト開発の価値にフォーカスして、認識を共有するものと理解しています。

以下に、エレベーターピッチのテンプレートを使用した実例を示します（淡い文字は、当社で記入したもの）。これをもとに、エレベーターピッチにより何を明確にしようとしたのかを具体的にします。

エレベーターピッチ

- [NID・MI独自の強みを創造] **したい**
- [ISP/映像配信系SIer、小規模事業者] **向けの、**
- [コンテンツ管理配信サービス] **というプロダクトは、**
- [人と人をオンラインで結ぶサービス] **です。**
- **これは** [5Gの普及、新型コロナウィルス感染防止によるイベント形態の変化など、コンテンツ配信関連技術は今後も需要の期待] **ができ、**
- [単純なサービス提供] **とは違って、**
- [サービスや開発技術の提供を通して社内に関連技術を蓄積、他展開を行う、NID・MIの事業基盤を拡大していく目的] **が備わっている。**

図（項目2） エレベータピッチ

- ［NID・MI 独自の強みを創造］したい

  このプロジェクトの目的としてどんなニーズや解決したい課題があるのかを明確にしています。

- ［ISP/ 映像配信系 SIer、小規模事業者］向けの

  対象とするユーザーを示しています。

- ［コンテンツ管理配信サービス］というプロダクトは、［人と人をオンラインで結ぶサービス］です。

  プロダクトの名称とサービスの概要を明確にしています。

- ［5G の普及、新型コロナウィルス感染防止によるイベント形態の変化など、コンテンツ配信関連技術は今後も需要の期待］ができ

  プロダクト開発の利点や開発することの納得性のある理由を示しています。

- ［単純なサービス提供］とは違って、［サービスや開発技術の提供を通して社内に関連技術を蓄積、他展開を行う、NID・MI の事業基盤を拡大していく目的］が備わっている。

  他のサービスと明確に差別化できる当社のサービスの価値や目的を明確に示しています。

項目 3：パッケージデザインを作る

この項目は、ユーザーへ是非このプロダクトを利用したい、購入したいと思わせるような**プロダクトのアピールポイントを明確にする**ものです。

ユーザーがこのプロダクトを使うと何を実現できるのか、この機能を使うとユーザーがこのようなメリットを享受することができる。そういったことが一見してわかるように、プロダクトの名称、ユーザーの心を動かすキャッチコピーやプロダクトのアピールポイントを考え、明示化します。

当社の受託開発のプロジェクトでは、この作業は顧客が主体となって行い、当社が関わるケースは少ないのですが、そうした機会には参画して、アイディア出しに協力しつつ顧客とコミュニケーションを取る中で、顧客のプロダクトに対するイメージや想いを共有するようにしています。

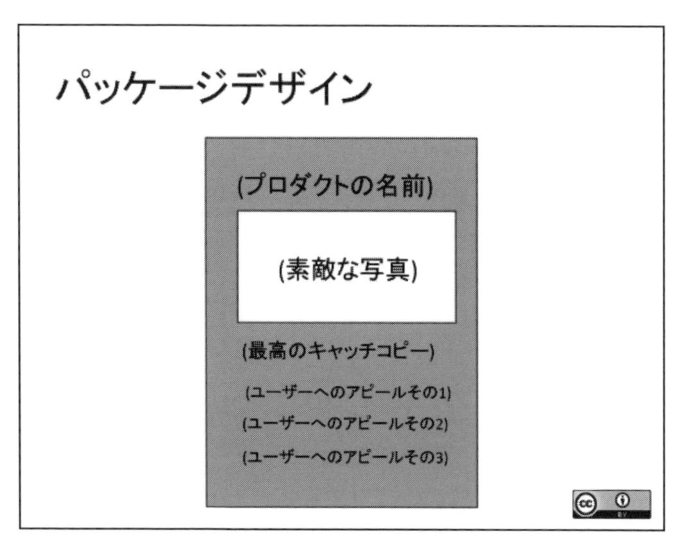

図（項目 3） パッケージデザイン

第3部 各種資料

項目4：やらないことリストを作る

この項目では、プロジェクトのスコープを明確にします。

つまり、このプロジェクトでやること（必須）、やらないこと（不要）、後で決める（プロジェクト中に判断する）ことをはっきりとさせます。それにより、スクラムチームが本当に重要なことだけに集中できるようになるとともに、最初からやらないことを明示的にすることで、後でステークホルダーが期待した機能が入っていないといった認識の齟齬が発生することを回避することができます。

リストの作成は、スクラムチームとステークホルダーが話し合いながら埋めていくのが最良です。この時点ではその記述レベルは概要がわかるような、粗い粒度の抽象的なもので十分です。

「初回リリースの時点では」などの前提条件をつけることで分類がしやすくなる場合もあります。

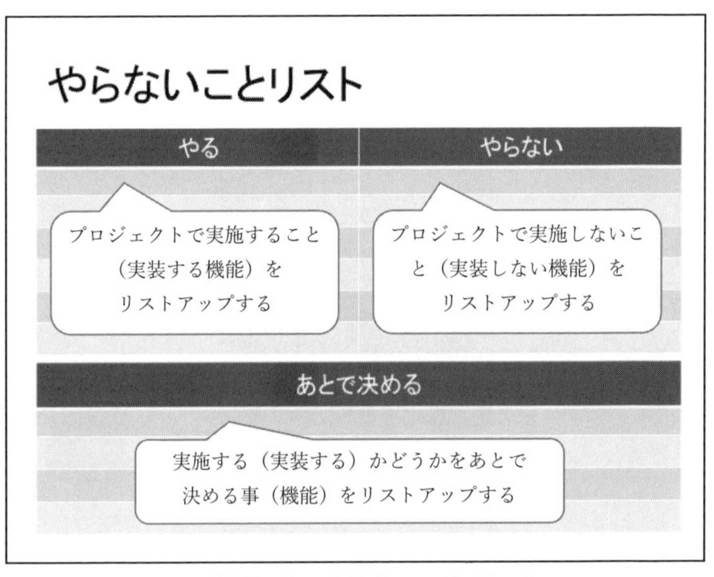

図（項目4）　やらないことリスト

項目5：「ご近所さん」を探せ

テンプレートには、「プロジェクトコミュニティは…」となっています。当社ではこの項目を**プロジェクトの関係者（ステークホルダー）を明確にすること**と捉えています。

スクラムチームだけに目が行きがちですが、スクラムチームの他にもプロジェクトに関わる人々は大勢います。例えば技術面でのサポートをもらえるプロジェクト外の人や、顧客側の担当者など、このプロジェクトに関わるすべての人を把握しておくことで、何かあったときに頼れる人がわかります。このように、プロジェクトがうまく進められるようにしておきます。

ここで洗い出した関係者については、プロジェクト計画時にプロジェクト計画書に明記しています。具体的には、「資料2　2　体制」の以下の項目が該当します。

- 体制図
- 役割と責任
- スキルマップ

プロジェクトを成功へ導くためには、スクラムチーム以外の人々ともコミュニケーションをとり良好な関係を築いていくことが重要になります。

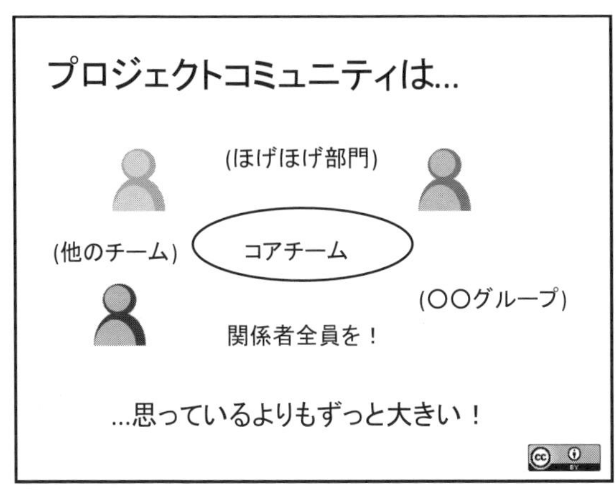

図（項目5）　プロジェクトコミュニティは…

項目６：解決案を描く

この項目では、プロダクト開発に関わる**技術的な要素を明確化**します。

OSや開発言語などを含めた開発環境や実行環境、ライブラリやDBなどの構成、適用する技術プラクティス、ツールなど、現時点でわかっているものを洗い出して全員の認識を合わせることです。これにより、技術的な課題やリスクは何なのかを明確にすることもできます。

「資料２　1.1　プロジェクト概要」の以下の項目が該当します。

・開発言語
・開発ツール
・開発環境（機器、OS）
・適用開発手法

技術面のリスクを特定した場合には、「資料２　３　リスク管理」により明示化して、リスク管理の対象としています。

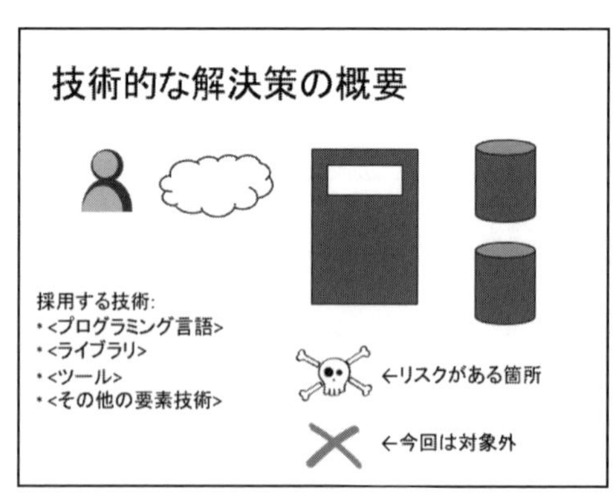

図（項目６）　技術的な解決策の概要

項目7：夜も眠れなくなるような問題は何だろう

この項目では、プロジェクトのリスクを洗い出します。プロジェクトを進めていくうえで問題となりそうなことや障壁となりそうなことを抽出し、その発生要因や事象を整理しておくことです。抽出したリスクについて、そのヘッジ策をプロジェクト開始時点で話し合っておきます。

プロジェクトで発生しうる問題、課題となり得ることについて、関係者で早めに話し合って共通認識を持ち、起こった場合にどんな対策を打つことができるのかを準備しておくことで、問題等発生時の対応がスムーズになり、プロジェクトを成功に導ける可能性が高まると考えています。

当社のプロジェクトでは、ここで洗い出したリスク内容を、プロジェクト計画書の一部である「資料2　3　リスク管理」により、その対策とともに一覧表にして明示化しています。プロジェクト実行中はこれをもとにリスク管理を行っています。

夜も眠れなくなるような問題は何だろう?

- もし起きたらこわーいこと、その1
- もし起きたらこわーいこと、その2
- もし起きたらこわーいこと、その3

図（項目7）　夜も眠れなくなるような問題は何だろう？

項目８：期間を見極める

この項目では、その言葉のとおりに読めば、このプロジェクトは**どのくらいの期間が必要なのかを明確にする**。ですが、おおまかなスケジュールを立て、プロジェクトの関係者と認識を合わせておくことと捉えています。

この時点では詳細なスケジュールではなく、おおよそどの時点でどこまで終わらせるかといった大まかな計画（計画には開発のほかに、顧客の受け入れテストやユーザーのトレーニング等、顧客およびエンドユーザー側の重要イベントを含める）を立てます。開発の具体的なスケジュールはプロジェクト計画において作成しますが、ここではそのベースとなるものを作成し、大まかな目標時期について、顧客やステークホルダーと認識合わせをすることをメインの目的としています。

ここで明確にされた内容は、プロジェクト計画時においての「資料２　５　マスタスケジュール」のベースになります。

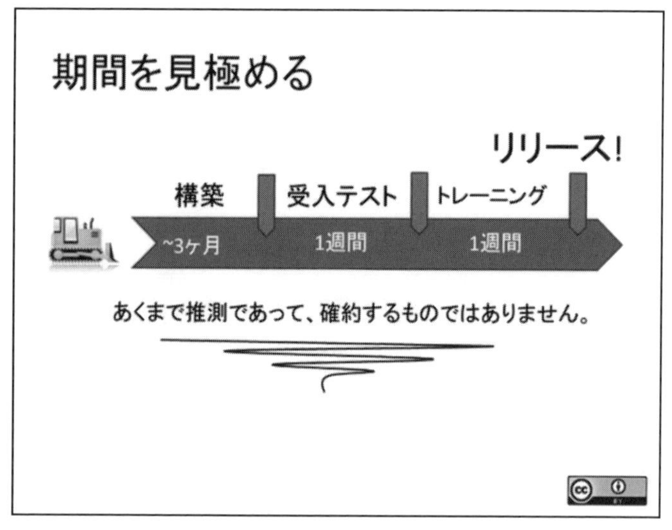

図（項目８）　期間を見極める

項目 9：優先順位は？

この項目では、QCD（品質、コスト、納期）、スコープの優先順位を明確にします。

プロジェクト開始時には妥当な計画を立てるが、プロジェクト進行中にどうしても何かしらの理由で、進め方を考え直さないといけない場面は出てきます。そのような場面でチームは何を優先し、何に妥協することが可能なのか、判断の指針をここで合意しておきます。

以下の典型的な 4 項目は、どのプロジェクトにおいても共通して重要な要素です。そのほかに、プロジェクトで重要とするポイントがあればここにあげ、優先順位を擦り合わせておきます。

- スコープ
- 予算
- 時間（納期）
- 品質

これらの要素はトレードオフの関係にあります。ニーズの変化に柔軟に対応するスクラム開発では、スコープ以外を固定し、スコープで調整することが多いようです。

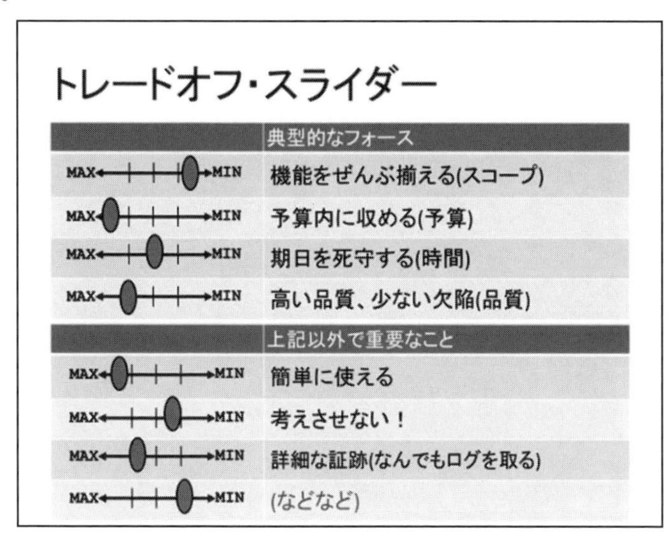

図（項目 9） トレードオフ・スライダー

第3部 各種資料

項目 10：何がどれだけ必要なのか

この項目では、体制とコストを明確にします。

体制については、スクラムチームの各役割を誰が担当するのか、ステークホルダーは誰なのかを明確にして、全員が自分の役割を認識します。

以下の図は、当社のプロジェクトで作成した体制図の実例です。

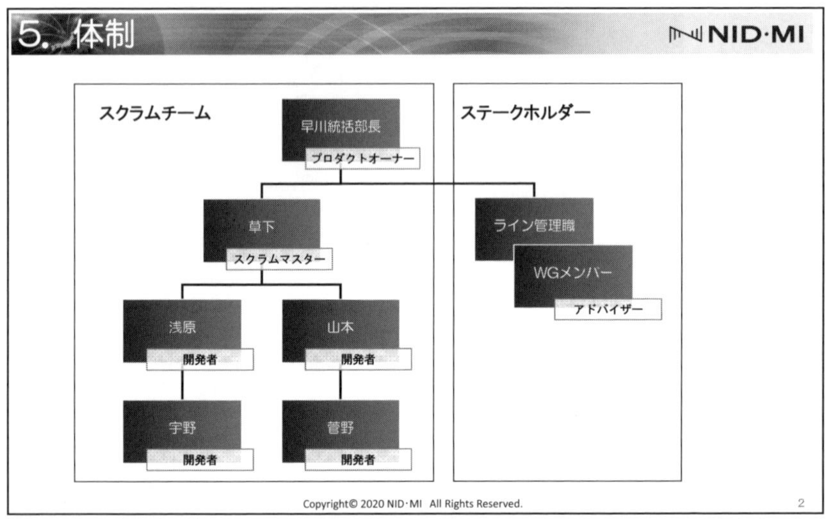

図（項目 10)-1　体制

コストについては、顧客の予算がすでに決まっている場合もありますが、概算を出さなければならない場合には、期間と体制から大まかに算出します。

ここで明らかにした内容をベースに予算および体制を確定したうえで、プロジェクト計画時においては、「資料２　４　予算・要員計画」としています。

図の例では、人数と期間と金額を示しています。

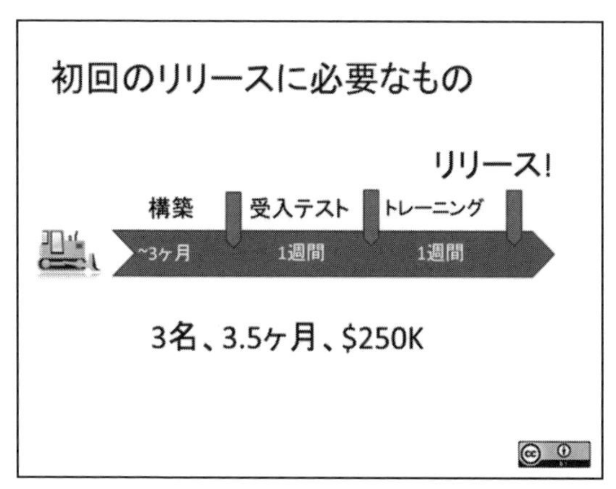

図（項目 10)-2　初回のリリースに必要なもの

第3部　各種資料

資料2

プロジェクト計画書の解説

ここからは、当社のスクラム開発で使用しているプロジェクト計画書について説明します。標準的なスクラムのイベントに加え当社独自のルールを採用しており、計画から完了報告まで使用します。正式名称は**プロジェクト計画書兼報告書**（以下**プロジェクト計画書**とする）です。

当社のプロジェクト計画書（Excel シート）は、以下のような構成となっています。それぞれについて、次ページより解説します。なお、プロジェクト計画書の雛型は、資料3に掲載しています。

1. 管理表
2. 体制
3. リスク管理
4. 予算・要員計画
5. マスタスケジュール
6. 進捗管理
7. 品質管理
8. 完了報告書

図表番号はシートごと等に振っているため、欠番があります。

1　管理表

1.1　プロジェクト概要

プロジェクト計画書（図 資料2-1参照）は、さまざまな関係者・ステークホルダーが手に取るため、さまざまな使い方をします。そのため、このプロジェクト計画書がどのようなプロジェクトを対象に作成されているのかといった全体概要

プロジェクト概要						
プロジェクト番号	2300121-00					
プロジェクト名	XYZ社向けディスプレイソフトウェア開発					
システム名	●●●型△△△△ディスプレイ					
システム概要	■■画像クリエーター向け、コンテンツデバッグ用ディスプレイソフトウェアの新機種対応開発					
顧客名	XYZ株式会社					
背景／目的（ビジョン）	現行機では、ハイスペックPCが必要となっている。このため、ディスプレイ側にカメラSoCを追加して、主な制御をするように変更することで初期コストを削減する。					
プロジェクト予算	受注額	¥15,000,000	受注状況			
	予定原価	¥10,500,000	予定工数	15.0	人月	
作業期間	2023/2/1　～　2023/4/30		工期	3.0	ヶ月	
スプリント定義	ﾀｲﾑﾎﾞｯｸｽ	3	Weeks			
	回数	4	回			
開発項目	カメラSoCに搭載する各機能の開発					
開発言語	C++					
開発ツール	Git,astah,Draw.io,Vscoder					
管理ツール	JIRA					
開発環境	機器	顧客支給の評価ボード	ＯＳ	Ubuntu(Linux)		
	作業場所	XYZ社内				
適用開発手法	フレームワーク	スクラム	プラクティス	ペアプロ、TDD、CI、リファクタリング		
プロジェクト方針	顧客との協働を重視したスクラム開発スタイルでの開発の推進と品質確保					
品質目標	単体テスト工程のバグをテスト件数の10%以内にする。但し、テスト件数は50件/Ks以上とする。					
品質計画	・全成果物に対するレビューは100%実施する ・プラクティスに明示した項目を確実に実践する ・スクラムの社内ガイドラインに準拠したプロセスの実践により、完成の定義を満たす品質を確保					
セキュリティ計画	顧客借用機器：利用者、アクセス許可を一覧管理する。 機密データ：顧客ネットワーク外への持ち出しおよびローカル端末への保存を禁止する。 ネットワーク環境：顧客のネットワークを使用する。ネットワーク接続や利用ルールは、『環境利用手順書』を遵守する。					

図 資料2-1　プロジェクト概要

のレベルでの把握が必須となります。プロジェクト計画書の冒頭で、開発計画の概要が把握できるような情報を簡潔に整理しておく必要があるのは当社に限ったことではないと思います。

概要は、詳細な情報をまとめたものですが、特にプロジェクトの開始初期などは決まっていない項目が残っている場合があります。そのため、その時点での情報を整理し、決定した時点で更新していくことが重要と考えています。

各項目に記載する内容は表 資料 2-1 の通りです。

表 資料 2-1　プロジェクト概要の記載内容（1/2）

項目名称	内　容
プロジェクト番号	社内システムにより付与されたプロジェクトの管理番号を記入する
プロジェクト名	プロジェクトの正式名称を記入する
システム名	開発するシステムの名称を記入する
システム概要	当該プロジェクトが開発するシステムの概要を記入する
顧客名	当社への発注元顧客の名称を記入する
背景／目的 （ビジョン）	当該プロジェクトの背景・目的を記入する 達成したいビジネス目標について共通認識を持つために、記載する
プロジェクト予算	プロジェクト開始時の受注金額、予定原価と工数を記入する 金額や工数が確定していない場合は、受注状況に未確定を記入する。今後変更することが分かっている場合は、変更の可能性ありを記入する 予定原価はプロジェクトが使用してよい金額で、リスクを含む
作業期間	顧客からの開発依頼からプロジェクト完了までの期間と納期を記入する
スプリント定義	スクラムの期間（タイムボックス）、繰り返し回数（作業期間あるいは、出荷までの予定回数）を記入する

表 資料 2-1　プロジェクト概要の記載内容（2/2）

項目名称	内　容
開発項目	当該プロジェクトで開発する項目の概要を記入する
開発言語	当該プロジェクトで使用する開発言語を記入する
開発ツール	当該プロジェクトで使用する開発ツールを記入する
管理ツール	当該プロジェクトで使用するプロジェクト管理ツールを記入する
開発環境	当該プロジェクトで用意する機器、ソフトウェア、インフラなどを記入する。重要なコンピュータ資源があればここに記載する
適用開発手法	適用するアジャイル開発のフレームワークを記入する。当社では、スクラムを基本とする プロジェクトで使用するプラクティスについて記入する
プロジェクト方針	プロジェクト関係者が、プロジェクト活動中に守る、もしくは目指すものを記入する。これらは、さまざまな計画を作成するに当たっての拠り所として用いられる
品質目標	品質に関するプロジェクトの目標を記入する
品質計画	品質目標を達成するための具体的な進め方や、各工程で品質を確認する方法などを記載する
セキュリティ計画	プロジェクトに要求される、あるいは必要とされるセキュリティ要件、要求に対して、実施する活動、管理方法などを決める

1.2　スクラムイベント／その他会議体

このプロジェクト計画書（図 資料2-2参照）はスクラム開発向けになります。したがって会議体は当初よりスクラムイベントが準備されており、いつ実施するか、誰が主催し、誰が参加するかをはっきりさせ、各担当が自律的に動くようにしています。

各項目に記載する内容は表 資料2-2の通りです。

スクラムイベント／その他会議体					
□ スプリントプランニング		開催頻度	毎スプリント開始前	主催者	
参加者	PO、SM、開発者				
実施方法					
□ デイリースクラム		開催頻度	毎日	主催者	
参加者	開発者、（SM）				
実施方法					
□ スプリントレビュー		開催頻度	毎スプリント終了時	主催者	
参加者	PO、SM、開発者、ステークホルダー				
実施方法					
□ スプリントレトロスペクティブ		開催頻度	毎スプリント終了時	主催者	
参加者	PO、SM、開発者				
実施方法					
□ その他会議		開催頻度		主催者	
参加者					
実施方法					
□ 社内進捗報告		開催頻度		担当者名	
報告方法					
報告ルート					

図 資料2-2　スクラムイベント／その他会議体

表 資料2-2　スクラムイベント／その他会議体の記載内容

項目名称	内　容
開催頻度	会議の開催頻度として、毎日、週1回、月1回など、開催のサイクルを記入する。スクラムイベントはスクラムで定義されたタイミングとなる
主催者	会議を主催する責任者として、スクラムの役割名や名前を記入する
参加者	会議に参加するメンバーをスクラムの役割名や名前で記入する
実施方法	会議の開催時間などが定例で決まっていればその時間を、事前に情報収集する場合はその方法などを記入する
担当者名	報告書をまとめる担当者の名前を記入する
報告方法	進捗報告書の名称や、提出する時期や方法を記入する
報告ルート	進捗報告書の提出する順番や、誰宛てに報告するかなどを記入する

1.3 工程及びプロセスの定義

スクラム開発では、一般にスプリントの中で、要求～設計・製造～テストまでのタスクを繰り返し行います。ここでは、実施する工程とその中でのプロセスを記述します（図 資料2-3参照）。要求設計から基本設計までスプリント開始前で行う場合などは、それらの工程名を記述します。この定義により、全体の工程と必要なプロセス、インプット、アウトプット、マイルストーンが明確になります。各工程で実施する詳細プロセスは、次の「プロセスのテーラリング」に記載します。

各項目に記載する内容は表 資料2-3の通りです。

工程及びプロセスの定義 →各工程で実施するプロセスは、「1-1.プロセスのテーラリング」に記載

工程名	プロセス	インプット	アウトプット	マイルストーン
計画・立上げ			プロジェクト計画書	yyyy/mm/dd
			プロダクトバックログ	yyyy/mm/dd
			開発環境	yyyy/mm/dd
			各種ガイド類	yyyy/mm/dd
スプリント１	スプリント計画	プロダクトバックログ	スプリントバックログ	yyyy/mm/dd
	設計	スプリントバックログ	インクリメント	
	実装			
	テスト			
	スプリントレビュー	インクリメント	プロダクトバックログ	yyyy/mm/dd
	スプリントレトロスペクティブ			yyyy/mm/dd
	スプリント回数（n回）分を計画する			
スプリントn	スプリント計画	プロダクトバックログ	スプリントバックログ	yyyy/mm/dd
	設計	スプリントバックログ	インクリメント	
	実装			
	テスト			
	スプリントレビュー	インクリメント	プロダクトバックログ	yyyy/mm/dd
	スプリントレトロスペクティブ			yyyy/mm/dd
終結	振り返り		プロジェクト完了報告書	yyyy/mm/dd
	プロジェクト完了報告		品質管理指標	yyyy/mm/dd

図 資料2-3 工程及びプロセスの定義

表 資料 2-3　工程及びプロセスの定義の記載内容

項目名称	内　容
工程名	定義した工程名、スプリント名等を記載する スプリントのまとまり（契約単位や機能リリース単位など）をフェーズと定義し、フェーズごとに繰り返し記載する場合もある
プロセス	工程内での主なプロセスを記載する
インプット	その工程に必要な資料などを記載する
アウトプット	その工程の成果物を記載する
マイルストーン	工程の完了時期が明確であれば、その時期を記載する

1.4　プロセスのテーラリング

● スクラムプロセス

当社でのスクラム開発プロセスを含むプロジェクトの受注から完了まで記述されたシートです。各プロセスをテーラリングして使用します。図 資料2-4においては、テーラリングした箇所は赤字で表示するなどして、わかるように記述します。

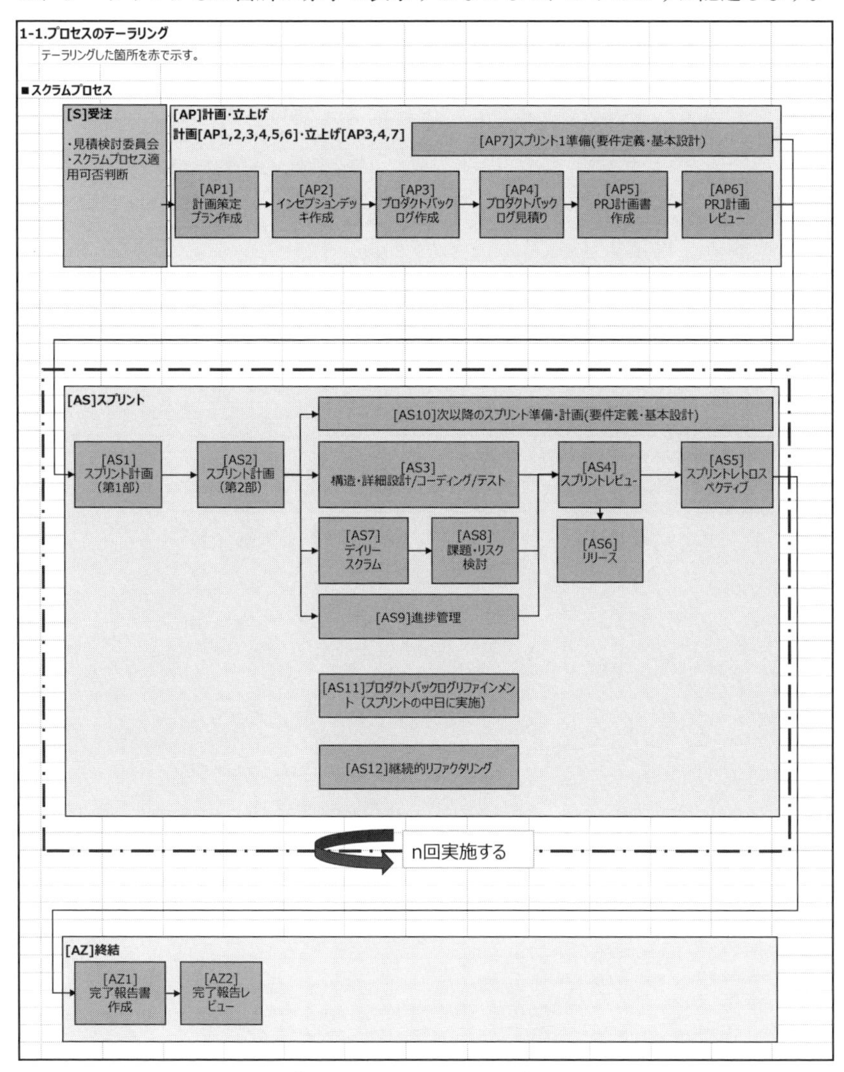

図 資料2-4　スクラムプロセス

● テーラリング用ワークシート

プロセスをプロジェクトで『適用』『テーラリング（実施内容を変更する）』『対象外（実施しない）』を選択し、今回のプロジェクトで実施するプロセスとその内容を明確にします。テーラリング内容には、変更したプロセスについて説明します（図 資料2-5参照）。

■テーラリング用ワークシート

工程	番号	プロセス	適用方針	テーラリング内容
受注	S	見積検討委員会・スクラム開発可否判定	適用	
計画・立上げ	AP1	計画策定プラン作成	適用	
計画・立上げ	AP2	インセプションデッキ作成	テーラリング	一部の質問のみ実施。
計画・立上げ	AP3	プロダクトバックログ作成	対象外	バックログは、顧客にて作成済みのため実施しない。
計画・立上げ	AP4	プロダクトバックログ見積り	テーラリング	ポイントによる相対見積りでは無く、従来通り人月で見積る。
計画・立上げ	AP5	プロジェクト計画策定	適用	
計画・立上げ	AP6	プロジェクトレビュ（立上レビュ）	適用	
計画・立上げ	AP7	スプリント1準備(要件定義・基本設計)	適用	
スプリント	AS1	スプリント計画（第1部）	適用	
スプリント	AS2	スプリント計画（第2部）	適用	
スプリント	AS3	構造・詳細設計/実装/テスト	適用	
スプリント	AS4	スプリントレビュー	適用	
スプリント	AS5	スプリントレトロスペクティブ	適用	
スプリント	AS6	リリース	適用	
スプリント	AS7	デイリースクラム	適用	
スプリント	AS8	課題・リスク検討	適用	
スプリント	AS9	進捗管理	適用	
スプリント	AS10	次以降のスプリント準備・計画(要件定義・基本設計)	適用	
スプリント	AS11	プロダクトバックログリファインメント	適用	
スプリント	AS12	継続的リファクタリング	適用	
終結	AZ1	完了報告書作成	適用	
終結	AZ2	完了報告書レビュー	適用	

図 資料2-5　テーラリング用ワークシート

1.5 レビュー計画

プロジェクト計画・完了報告レビュー、作業のレビューなどを記載します(図 資料2-6参照)。計画を明確にしておく必要あるレビューについては、予定日を記入しておきます。

各項目に記載する内容は表 資料2-6の通りです。

レビュー計画

種別	工程名	レビュー名称	実施方法	予定日	実施日
内	計画・立上げ	プロジェクト計画レビュー	部門長含む管理者出席の上で会議体として実施	yyyy/mm/dd	yyyy/mm/dd
	スプリント1	設計レビュー	有識者のレビューで対応		
		コードレビュー	モブプロで常にレビューする		
		テスト仕様レビュー	有識者のレビューで対応		
		スプリント回数(n回)分を計画する			
	スプリントn	設計レビュー	有識者のレビューで対応		
		コードレビュー	モブプロで常にレビューする		
		テスト仕様レビュー	有識者のレビューで対応		
内	終結	プロジェクト完了報告レビュー	部門長含む管理者出席の上で会議体として実施	yyyy/mm/dd	yyyy/mm/dd

図 資料2-6 レビュー計画

表 資料2-6 レビュー計画の記載内容

項目名称	内 容
種別	内部レビューの場合は内を、顧客レビューなど社外の場合は外を選択する
工程名	定義した工程を記入する
レビュー名称	実施するレビュー名称を記入する
実施方法	具体的な実施方法、プラクティスなどを記載する
予定日	レビュー実施予定日を記入する。スプリント内の予定についての記載は不要
実施日	実際にレビューした日の日付を記入する

1.6　プロジェクト完了

プロジェクトの完了時には、スプリントで集めたデータをもとに、プロジェクト全体のふりかえりを実施します（図 資料2-7参照）。プロジェクトが長期にわたり継続するような場合は、期間を区切ってあるタイミングで実施します。

各項目に記載する内容は表 資料2-7の通りです。

プロジェクト完了						
振り返り	予定日		実施日		Prj完了日	

図 資料2-7　プロジェクト完了

表 資料2-7　プロジェクト完了の記載内容

項目名称	内　容
予定日	ふりかえりの実施予定日を記入する
実施日	ふりかえりを実施した日の日付を記入する
Prj 完了日	実際にプロジェクトが完了した日の日付を記入する

1.7 構成管理

ソースコードや、設計書などの文書といったファイルが、「いつ」「どこが」「誰によって」変更されたのか、その履歴を管理します。構成管理は通常ツールを使用して管理します（図 資料2-8参照）。ソフトウェアの構成管理ツールと、Jenkinsなどの継続的インテグレーションツールを組み合わせ日々のビルドとテストを自動化することも検討します。

各項目に記載する内容は表 資料2-8の通りです。

構成管理	
構成管理担当者	
構成管理ツール	

図 資料2-8 構成管理

表 資料2-8 構成管理の記載内容

項目名称	内　容
構成管理担当者	ソフトウェア構成管理担当名を記入する
構成管理ツール	当該プロジェクトで使用するソフトウェア構成管理のツールを記入する

1.8　成果物

プロジェクトとして作成する主要な成果物について名称、構成管理する対象・時期、納品予定などを記載します（図 資料2-9参照）。

各項目に記載する内容は表 資料2-9の通りです。

成果物				
成果物名称	構成管理		納品予定日	納品日
	対象	開始時期		
プロジェクト計画書	×		−	−
プロダクトバックログ	×			
外部設計書	○			
内部設計書	○			
ソースコード	○			
統合テスト仕様書／成績書	○			
システムテスト仕様書／成績書	○			
プロジェクト完了報告書	×		−	−

図 資料2-9　成果物

表 資料2-9　成果物の記載内容

項目名称	内　容
成果物名称	顧客に納品する時の名前を記入する。略称ではなく、顧客と合意した納品物の正式名称を記入する
対象	構成管理の対象とするものに○を記入する
開始時期	構成管理の開始時期を記入する
納品予定日	成果物を納品する予定日の日付を記入する フェーズごとの納品がある場合、フェーズの予定を記載する
納品日	顧客に納品した日付を記入する

1.9 トレーニング計画

スクラムチームが必要とするスキルを必要時点までに取得するため、必要に応じてトレーニングの実施を計画します。スキルの取得により、プロジェクトをスムースに進行させることが可能になると考えています（図 資料 2-10 参照）。

各項目に記載する内容は表 資料 2-10 の通りです。

トレーニング計画					
No.	トレーニング内容	対象者	予定時期	実施報告	備考

図 資料 2-10　トレーニング計画

表 資料 2-10　トレーニング計画の記載内容

項目名称	内　容
トレーニング内容	プロジェクトを運用する上で必要なトレーニングを計画する。このトレーニングで技術的な教育訓練以外にプロジェクトの手順やプロジェクトの概要説明が必要な場合はこれも計画に入れる スクラム開発を実施する上で、必要なマインドセットやスキルの習得についても計画する
対象者	対象となる人がわかるように名前で記入する。スクラムチーム全員の場合はスクラムチームでもよい
予定時期	トレーニングの実施予定日を記入する
実施報告	トレーニングを実施した日の日付を記入する
備考	コメントがあれば記入する

1.10 特記事項

プロジェクトで特に記述しておきたいこと、プロジェクト関係者に説明しておきたいことなどを記載します。

2　体制

顧客とステークホルダーおよび当社の体制、それぞれの役割と責任を明確化します。「体制図」「役割と責任」「スキルマップ」からなります。

関連するハードウェア、インフラ、他社のサブプロジェクト、スクラムチームなどの関係についても必要に応じて、わかりやすく記述します。

2.1　体制図

スクラムチームに影響を及ぼす可能性があるステークホルダーについては、すべて記載します（図 資料2-11 参照）。

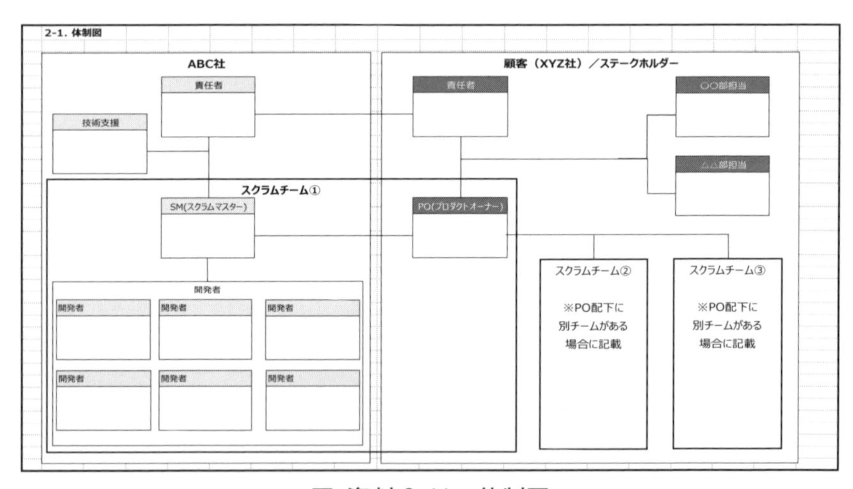

図 資料2-11　体制図

● 注意する点

「役割と責任」「スキルマップ」「予算・要員計画」との整合性を保つようにします。

2.2　役割と責任

組織やチームごとに、個人の役割と責任を明確化します（図 資料 2-12 参照）。各項目に記載する内容は表 資料 2-12 の通りです。

2-2.役割と責任

顧客／ステークホルダー

役割	会社・部署	氏名	責任	
顧客責任者				
○○部担当				
△△部担当				

ＮＩＤ管理および支援

役割	会社・部署	氏名	責任	
NID責任者			顧客責任者への報告	
NID技術支援			開発チームへの技術支援	

スクラムチーム

役割	会社・部署	氏名	責任	主な担当作業
PO(一人)			下表参照	N/A
SM(一人)			下表参照	N/A
DT（プログラマ・UXデザイナ）			下表参照	設計、実装、リファクタリング
DT（アナリスト・プログラマ）			下表参照	要件定義、設計、実装
DT(インフラ管理者・プログラマ)			下表参照	設計、実装、環境整備
DT(アナリスト・プログラマ・テスタ)			下表参照	要件定義、設計、実装、試験

スクラムチームにおける役割・責任

役割	責任	特徴
PO(プロダクトオーナー)	・プロダクトの結果責任を取る ・プロダクトバックログの管理者で、並び順の最終決定権限を持つ ・DTを活用して、プロダクトの価値を最大化する	・プロジェクトに１人 ・DTに相談できるが干渉はできない
DT(開発者)	・リリース判断可能なプロダクトを作る	・3人～9人で構成 ・全員揃えばプロダクトを作れる ・上下関係は無い
SM(スクラムマスター)	・NIDアジャイルプロセスを上手く回す ・妨害を排除する ・支援と奉仕をする ・教育、ファシリテート、コーチを実施し、プロジェクトを推進する。	・プロジェクトに１人 ・マネジメントスタイルはコントロール型で は無く、ファシリテーションを通じた支援型

DTの役割・責任

役割	責任
アナリスト	・ユーザーストーリーを書くのを手伝う（要件定義の実施） ・詳細な分析を実施する（基本設計や詳細設計の実施） ・モックアップやプロトタイプ作成を支援する
プログラマ	・コードやユニットテストコードを作成する ・アーキテクチャーの設計と改善に継続的に取り組む （「継続的リファクタリング」の作業を実施する） ・コードベースをいつでもリリースできる状態にしておく。
テスター	・ユーザーストーリーのテストを書くのを手伝う ・ストーリーが期待通りに動くことを確認する ・テストの全体像を考える ・テストを自動化する
UXデザイナ	・使いやすく、利便性の高い、魅力的な体験を提供できるUIをデザインする
インフラ管理者	・開発/試験環境を構築し維持する。

図 資料 2-12　役割と責任

表 資料2-12　役割と責任の記載内容

項目名称	内　容
役割	役割名称を記入する。役割は、プロジェクトで定義された名称、あるいは当社で一般に使用されている名称を記載する
会社・部署	所属する会社名・部署名を記入する
氏名	氏名を記入する
責任	それぞれの責任範囲を記入する
主な担当作業	担当作業名称を記入する

役割・責任については、一般的な役割・責任が記述されており、必要に応じて、修正して使用します。

● 注意する点

「体制図」「スキルマップ」「予算・要員計画」との整合性を保つようにします。

2.3 スキルマップ

スクラムチームの主に開発者の保有スキルを明確化します（図 資料2-13参照）。

スクラム開発では、すべての開発作業を担当する多能工であることを要求されますが、最初からすべてのスキルがそろっていることは少ないので、まずメンバーのスキルを明確にし、作業分担、プラクティスの選定、不足しているスキルを埋めるトレーニングをし、チームとしての品質を上げていけるように管理していきます。

各項目に記載する内容は表 資料2-13の通りです。

2-3.スキルマップ

		標準スキルセット										固有スキルセット									
会社・部署	氏名	要	基	構	製	単	結	総	環	フレ	M	1	2	3	4						
ABC社 開発二部	A	◎	○	△	△	△	○	○			◎				◎						
ABC社 技術推進部	B	△	△	△	△	△	△	△	◎	◎	○	◎	◎								
ABC社 開発二部	C	○	○	◎	◎	○	○	○					△								
BP社 設計一部	D	△	○	○	○	○	○	○	◎	○		○	△								
BP社 設計一部	E	○	○	○	○	◎	◎	○					△								

当プロジェクトにおけるスキルレベル

◎：人に教えられる　○：自力でできる　△：支援があればできる

標準スキル

要	要件定義
基	基本設計（外部設計）
構	構造設計・詳細設計（内部設計）
製	コーディング
単	単体テスト
結	統合テスト
総	システムテスト（運用試験、性能試験、ユーザー受入試験）
環	開発・本番環境構築、基盤構築
フレ	アプリケーションフレームワーク開発
M	マネジメント

固有スキル(必要に応じて記入)

1	テストツール作成
2	リファクタリング
3	データベース
4	スクラム（SM）

図 資料2-13　スキルマップ

表 資料2-13　スキルマップの記載内容

項目名称	内　容
会社・部署	所属する会社名・部署名を記入する
氏名	氏名を記入する
標準スキルセット	各スキルレベルを以下の基準で評価し、記入する ◎：人に教えられる、○：自力でできる、△：支援があればできる
固有スキルセット	・標準スキルセット以外で、プロジェクトで必要なスキルについて固有スキルを定義し、標準スキルセットと同様に評価する ・必要なスキルが不足している場合は、トレーニング計画を策定する

● **注意する点**

「体制図」「役割と責任」「予算・要員計画」との整合性を保つようします。

3 リスク管理

リスクを洗い出し、発生確率や影響を評価し、対策を検討し、一覧として整理します（図 資料 2-14 参照）。プロジェクト実行中は、計画されたリスクの監視および制御として追跡、対策の発動、計画の更新を実施します。

各項目に記載する内容は表 資料 2-14 の通りです。

3.リスク管理

考えられるリスクを洗い出し、分析／対策検討／対策実施を行う。
開発期間中、随時、追加／更新を行っていく。

外部リスク

No	登録日	リスク項目	リスク要因	発生度（高中低）	影響度（大中小）	発生時に考えられる影響	優先度（ABC）

更新日:　2019/1/20

対策方針	対策内容	リスク発生事後対応（リスク登録時に、必要に応じて計画し記述する）	対策実施状況（完了日）	監視タイミング	監視状況

図 資料 2-14a（外部リスク）

内部リスク

No	登録日	リスク項目	リスク要因	発生度（高中低）	影響度（大中小）	発生時に考えられる影響	優先度（ABC）

更新日:

対策方針	対策内容	リスク発生事後対応（必要に応じて計画し記述）	対応状況（完了日）	監視タイミング	監視タイミング

図 資料 2-14b（内部リスク）

第3部 各種資料

● **外部リスク**

顧客、関連する他社、ハードの調達など、社外のリスク

● **内部リスク**

プロジェクトや社内で考えられるリスク、人的リスクなど

表 資料2-14　リスク管理の記載内容

項目名称	内　容
登録日	リスクとして本表に登録した日付を記入する
リスク項目	リスクの内容を記入する
リスク要因	リスク発生（顕在化）の要因を記入する
発生度	リスクが発生する可能性を評価し、「高」「中」「低」を選択する
影響度	リスクが発生した場合のプロジェクトへの影響度を評価し、「大」「中」「小」を選択する
発生時に考えられる影響	リスク発生した場合の、コスト、納期（スケジュール）、品質に対する影響を記入する
優先度	発生度と影響度から、それぞれのリスクに対して対応優先度を高いものからA、B、Cと順位付ける
対策方針	リスクへの対策方針を以下の中から選択する 回避：リスクの発生の可能性をなくす方策を実施する 転嫁：リスクの影響を第三者へ移す 軽減：リスク発生した場合の影響度を低くする方策を実施する 受容：リスクの影響を受け入れる
対策内容	対策方針の具体的な内容を記入する。回避策、転嫁策、軽減策、受容時の対応
リスク発生後対応	発生可能性と重要度から、必要に応じて事後の対策を計画時に検討しておき、記入する
対策実施状況	リスク対策の実施日、監視の必要性がなくなった日を記入する
監視タイミング	随時、進捗会議、など監視のタイミングを記入する
監視状況	リスクの監視状況を以下から選択する ・「監視継続」「事後対応中」「監視不要」「監視終了」

● 注意する点

発生が確実なものはリスクとはせず、課題として管理します。別途、課題管理表を作成し、管理するようにします。

4　予算・要員計画

プロジェクトに必要な人員数、コストを計画します（図 資料 2-15 参照）。要員計画に基づいて、毎月の予算割り当てを計画し、毎月の進捗に合わせてコストを管理します。

各項目に記載する内容は表 資料 2-15 の通りです。

4.予算・要員計画

計画日	2022/4/1	2022/12/1
受注額	¥36,000,000	
予定原価	¥26,800,000	
内 予備費	¥2,600,000	
計画時粗利率	25.56%	

	4月	5月	6月	12月	計
売上見込金額		¥10,000,000		¥1,000,000	¥ 36,000,000
工数原価	¥3,360,000	¥3,540,000	¥3,900,000	¥240,000	¥ 20,220,000
外注費	¥0	¥900,000	¥1,750,000	¥0	¥ 7,050,000
その他経費　ソフト購入費、交通費など	¥0	¥0	¥0	¥0	¥ -
P発生原価	¥3,360,000	¥4,440,000	¥5,650,000	¥240,000	¥ 27,270,000
P粗利					¥ 8,730,000
P粗利率					24.25%

＜以下は、必要に応じて使用してください＞ 工数は、計画値あるいは実績値を入力します。

工数(H)詳細	プロパ要員（人数）	部署名	3.00	3.00	4.00	1.00	23.00
1	要員A	XX12	200.00	210.00	210.00	40.00	1270.00H
2	要員B	XX12	180.00	190.00	180.00		950.00H
3	要員C	YY31	180.00	190.00	180.00		910.00H
4	要員D	XX12			80.00		240.00H
外注費(¥)詳細	外注人数	契約	0.00	1.00	2.00	0.00	8.00
1	要員X	請負		¥900,000	¥900,000		¥ 4,500,000
2	要員Y	準委任			¥850,000		¥ 2,550,000

要員配置	4月	5月	6月	12月	計
	要員A	要員A	要員A	要員A	
	要員B	要員B	要員B		
	要員C	要員C	要員C		
			要員D		
		要員X	要員X		
			要員Y		

図 資料 2-15　予算・要員計画

表 資料2-15　予算・要員計画の記載内容

項目名称	内　容
計画日	予算計画を立てた日付を記入する
受注額	受注金額を記入する
予定原価	プロジェクトの予定原価を記入する
予備費	起こりうる不測の事態の対策費用を記入する
計画時粗利率	計画時の粗利率を記入する
売上見込金額	計画時には、その月に売り上げる見込みの金額を記入し、売り上げ確定後、その額を記入する
工数原価	標準時間単価※×工数 ※労務費や固定費などから算出した１人当たりの時間単価
外注費	・協力会社要員に支払う費用 詳細には、契約種類（派遣・準委任・請負）を記入しておく
その他経費	ソフト購入費、交通費、ツールの使用料など、プロジェクトにかかる経費を記入する
P発生原価	工数原価＋外注費＋その他経費
P粗利	売上見込金額からP発生原価を差し引いた粗利額
P粗利率	P粗利÷売上見込金額
要員配置	月ごとの作業者の名前を記入する

● 注意する点

要員については、「体制図」や「役割と責任」「スキルマップ」との整合性を保つようにします。

■ 予想原価と粗利率の推移

予想原価と粗利率の推移をグラフとして表示し、管理します（図 資料 2-16 参照）。

各項目に記載する内容は表 資料 2-16 の通りです。

予想原価と粗利率の推移

報告日	コメント	受注額	消化原価	今後の原価予想	予想原価	予想粗利率
2022/4/1	計画時の粗利				¥0	
2022/5/1					¥0	
2022/6/1					¥0	

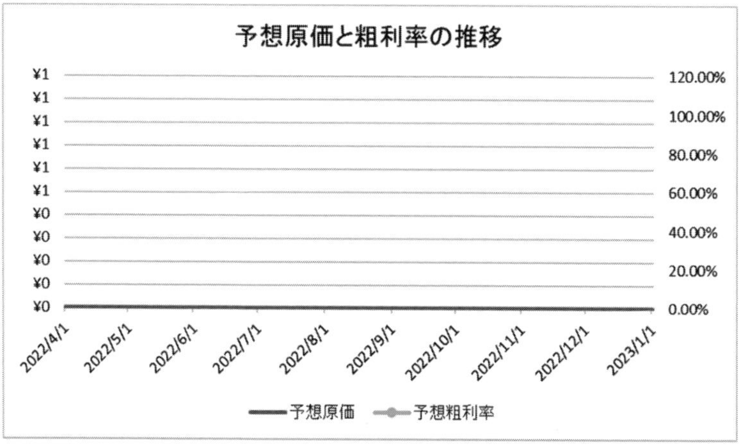

予想原価と粗利率の推移

¥1
¥1
¥1
¥1
¥1
¥1
¥0
¥0
¥0
¥0
¥0

120.00%
100.00%
80.00%
60.00%
40.00%
20.00%
0.00%

2022/4/1 2022/5/1 2022/6/1 2022/7/1 2022/8/1 2022/9/1 2022/10/1 2022/11/1 2022/12/1 2023/1/1

予想原価 予想粗利率

図 資料 2-16　予想原価と粗利率の推移

表 資料2-16　予想原価と粗利率の推移

項目名称	内　容
報告日	予想原価計算の日付を記入する
コメント	コメントがあれば、記載する
受注額	受注金額を記入する
消化原価	報告日までに実際に消化した原価を記入する
今後の原価予想	報告日以降に予想される原価を記入する
予想原価	消化原価＋今後の原価予想の合算値となる
予想粗利率	（受注金額－予想原価）/受注金額から予想粗利率を計算して記入する

● 注意する点

計画作成後に変更が発生した場合、また、少なくとも毎月、情報を更新して、常に粗利を意識するようにします。

5　マスタスケジュール

プロジェクトの大まかな日程、主要なマイルストーンを記載します（図 資料 2-17 参照）。詳細が決まっていない場合は、決まった時点で更新していきます。

図は、例であり、記述の仕方は必ずしもこの形である必要はありません。各項目の記載内容は、図の例を参考にし、表 資料 2-17 の通りです。

5.マスタスケジュール

	4月	5月	6月	7月	8月	9月
外部イベント	▼6月末：次フェーズの開発機能確定 ▼9					
内部イベント	▼4月：受注 ● 5月：WEbテスト用Windows8.1レンタル ●6月：テストサーバ用ＰＣレンタル ▼6月末：・次フェーズ見積 ・検収用成果物納品 ▼7月：受注 ▼9					
受注	（x.x人月） 立ち上げ・スプリント作業			（x.x人月） スプリント作業		
検収	●7月：検収					

No.	項目	小項目	4月	5月	6月	7月	8月	9月
1	フェーズ１（※）	計画・準備・バックログ作成						
		スプリント1～4						
2	フェーズ2	スプリント5～10						
3	フェーズ3	スプリント11～16						
4	終結	完了報告書作成						
5								

図 資料 2-17　マスタスケジュール

表 資料 2-17　マスタスケジュールの記載内容

項目名称	内　容
外部イベント	プロジェクトに影響するスケジュール、顧客、関係部署、関連する他社のイベント、プロジェクト全体に関係するイベントを記載する
内部イベント	プロジェクトの大まかな日程、機器の調達、導入スケジュール、契約・納品に関するスケジュールを記載する
受注	契約期間・契約内容を記入する
検収	検収時期を記入する

6　進捗管理

残作業量で進捗状況を見るバーンダウンチャートで進捗を管理します（図 資料 2-18a、18b 参照）。残作業量は、時間やストーリーポイントなどで表します。

バックログアイテムごとに、記載する内容は表 資料 2-18 の通りです。

6.進捗管理

<計画と実績>

※残作業量は、時

全体

番号	作業項目	予定 開始	予定 終了	実績 開始	実績 終了	計画工数（H）	実績工数（H）	残作業量（実績） Total	4/9	4/16
	■全体	4/5	6/25	4/5	6/23	200	202	200	156	136

スプリント毎

番号	作業項目	予定 開始	予定 終了	実績 開始	実績 終了	計画工数（H）	実績工数（H）	残作業量（実績） Total	4/5	4/6
	■スプリント1	4/5	4/13	4/5	4/13	64	71	64	48	44
01	バックログアイテム 1	4/5	4/5	4/5	4/5	8	4	8	0	0
02	バックログアイテム 2	4/5	4/6	4/5	4/7	16	18	16	8	4
03	バックログアイテム 3	4/7	4/8	4/7	4/8	16	20	16	16	16
04	バックログアイテム 4	4/5	4/6	4/5	4/7	16	18	16	16	16
05	バックログアイテム 5	4/13	4/13	4/12	4/13	4	5	4	4	4
06	バックログアイテム 6	4/13	4/13	4/13	4/13	4	6	4	4	4

図 資料 2-18a　進捗管理（シートの左側）

間やポイントなどで表す。記載例では、工数（時間）で定量化している。

4/23	4/30	5/7	5/14	5/21	5/28	6/4	6/11	6/18	6/25
72	72	69	68	56	48	33	32	9	0

残作業量（計画） Total	4/9	4/16	4/23	4/30	5/7	5/14	5/21	5/28	6/4	6/11	6/18	6/25
200	144	136	72	72	68	68	54	50	38	32	10	0

4/7	4/8	4/9	4/12	4/13	4/14	4/15	4/16
36	28	20	14	4	0	0	0
0	0	0	0	0	0	0	0
0	0	0	0	0	0	0	0
12	6	0	0	0	0	0	0
16	14	12	8	4	0	0	0
4	4	4	2	0	0	0	0
4	4	4	4	0	0	0	0

残作業量（計画） Total	4/5	4/6	4/7	4/8	4/9	4/12	4/13	4/14	4/15	4/16
64	40	24	16	8	8	8	0	0	0	0
8	0	0	0	0	0	0	0	0	0	0
16	8	0	0	0	0	0	0	0	0	0
16	16	16	8	0	0	0	0	0	0	0
16	8	0	0	0	0	0	0	0	0	0
4	4	4	4	4	4	4	0	0	0	0
4	4	4	4	4	4	4	0	0	0	0

図 資料 2-18b　進捗管理（シートの右側）

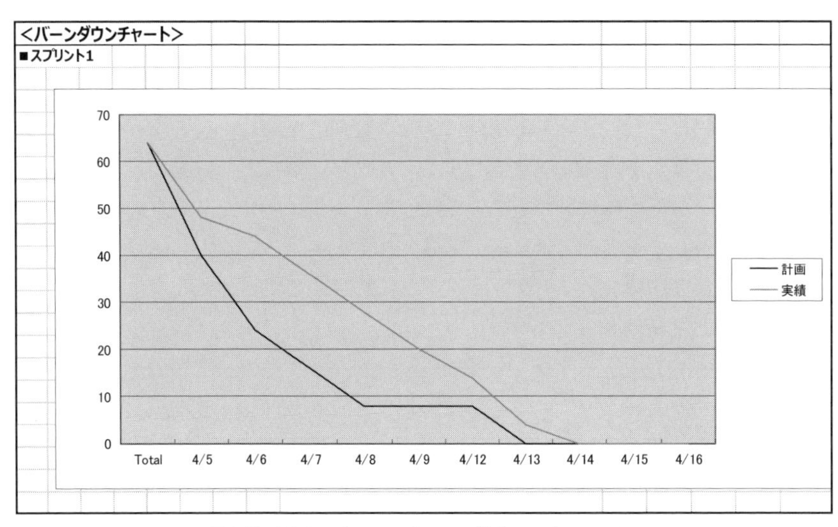

図 資料 2-18c　バーンダウンチャート

表 資料 2-18　進捗管理の記載内容

項目名称	内　容
作業項目	プロダクトバックログアイテム名を記入する
予定 （開始・終了）	バックログアイテムの作業開始・終了予定日
実績 （開始・終了）	バックログアイテムの作業開始・終了実績日
計画工数	計画作業工数の値を記入する
実績工数	作業工数の実績値を記入する
残作業量 （Total）	バックログアイテムのスプリント計画時の値（工数あるいはストーリーポイント）を記入する
残作業量 （実績・計画）	日々の計画された作業量、終了した作業量の値（工数あるいはストーリーポイント）を Total から減算した値を記入する

7　品質管理

(1) 7. 品質管理

品質管理にはプロジェクト計画時に、品質管理のために必要となる品質指標を定め、その目標値を計画して設定します。スプリントごとの計画値になりますので、スプリント計画時に再設定することもあります。各スプリントの完了時には実績値を記載して予実差異（計画－実績）を見ます。

以下、記載方法についてセクションごとに解説します。

● **開発規模と生産効率**

7.品質管理

<開発規模と生産効率>

項目		単位	スプリント1			スプリント2		
			計画	実績	差異	計画	実績	差異
開発規模	開発工数	人月	5	5.5	0.5			
生産量	新規	Kstep	1	2	1			
	改造	Kstep	3	2	−1			
	流用	Kstep	1	1	0			
生産量合計	（新規＋改造＋流用）	Kstep	5	5	0	0	0	0
開発量	（新規＋改造）	Kstep	4	4	0	0	0	0
生産効率	（生産量合計÷開発工数）	Ksetp/人月	1.000	0.909	−0.091			
開発効率	（開発量÷開発工数）	Ksetp/人月	0.800	0.727	−0.073			
ベロシティ（生産力）		SP/スプリント	12	11	−1			

図 資料2-19　開発規模と生産効率

開発規模と生産効率に設定する記載例は図 資料2-19に示します。また、内容は表 資料2-19の通りです。下記に記載のない項目は自動算出項目ですので設定不要です。

表 資料2-19　開発規模と生産効率に設定する内容

項目名称	内　容
開発規模／開発工数	各スプリントの開発工数を人月で記載
生産量／新規	新規に開発するステップ数を記載
生産量／改造	元のコードに改造を行うステップ数を記載
生産量／流用	ベースのコードをそのまま流用するステップ数を記載
ベロシティ（生産力）	各スプリントで開発するユーザーストーリーのストーリーポイント合計を記載

● 目標値

<目標値>								
工程	指標名	単位	スプリント1目標値			スプリント2目標値		
			中央値	下限値	上限値	中央値	下限値	上限値
※プロジェクトの各工程の開始までに目標値（密度）を設定すること。（許容範囲は目標の±20%で設定）								
基本設計	設計書ページ密度	ページ/Kstep	10	8	12		0	0
基本設計	レビュー密度	人時/Kstep	0.5	0.4	0.6		0	0
基本設計	レビュー指摘密度	件/Kstep	0.3	0.24	0.36		0	0
実装	コードレビュー実施率	%	100					
結合テスト	テストケース密度	件/Kstep	50	40	60		0	0
結合テスト	バグ密度	件/Kstep	5	4	6		0	0

図 資料 2-20　目標値

図 資料 2-20 は記載例です。実際に定義する指標（対象工程と測定内容）は顧客と相談のうえでプロジェクトごとに定めています。目標値について各項目に設定する内容は表 資料 2-20 の通りです。記載のない項目は自動算出項目ですので設定不要です。

表 資料 2-20　目標値の各項目に設定する内容

項目名称	内　容
基本設計／設計書ページ密度	開発量 Kstep あたりの設計書ページ数の目標値を設定
基本設計／レビュー密度	開発量 Kstep あたりのレビュー時間の目標値を設定
基本設計／レビュー指摘密度	開発量 Kstep あたりのレビュー欠陥指摘数の目標値を設定
実装／コードレビュー実施率	開発量全体におけるコードレビューの実施率目標を%で設定
結合テスト／テストケース密度	開発量 Kstep あたりのテストケース件数の目標値を設定
結合テスト／バグ密度	開発量 Kstep あたりのテストバグ検出数の目標値を設定

● 予測と実績

<予測と実績>								
工程	指標名	単位	スプリント1			スプリント2		
			予測値	実績値	差異	予測値	実績値	差異
※目標値をもとに作成するドキュメントの頁数やバグ件数を予測する。計算式等は適宜修正。								
基本設計	設計書作成ページ数	ページ	40	45	5	0		
基本設計	レビュー時間	時間	2	3	1	0		
基本設計	指摘件数	件	1.2	1.5	0.3	0		
結合テスト	テストケース数	件	200	205	5	0		
結合テスト	バグ数	件	20	18	−2	0		
―	完成判定後バグ数	件	0	1	1	0		
基本設計	設計書ページ密度	ページ/Kstep	10	11.25	1.25			
基本設計	レビュー密度	人時/Kstep	0.5	0.75	0.25			
基本設計	レビュー指摘密度	件/Kstep	0.3	0.375	0.075			
結合テスト	テストケース密度	件/Kstep	50	51.25	1.25			
結合テスト	バグ密度	件/Kstep	5	4.5	−0.5			

図 資料2-21　予測と実績

● 解説

予測と実績のうち、予測値については、スプリントごとの開発量の計画値および目標指標値により自動で算出されます（図 資料2-21参照）。プロジェクトごとに決定された指標項目に合わせて、適宜計算式を設定・修正して使用しています。実績値の各項目について設定内容は表 資料2-21の通りです。記載のない項目は自動算出項目ですので設定不要です。

表 資料2-21　実績値の各項目に設定する内容

項目名称	内　容
基本設計／設計書作成ページ数	設計書ページ数の実績値を記載
基本設計／レビュー時間	レビュー時間の実績値を記載
基本設計／指摘件数	レビュー欠陥指摘数の実績値を記載
結合テスト／テストケース数	テストケース件数の実績値を記載
結合テスト／バグ数	テストバグ数の実績値を記載
完成判定後バグ数	スプリントごとの完成判定後に検出されたバグ数の実績値を計上。スプリントごとに計上しプロジェクト完了時に総数を見る

(2) 7-1. 完成の定義

7-1. 完成の定義には、スプリントの「完成の定義」をプロジェクト計画時に定めています（図 資料 2-22）。定義内容（判定対象や判定基準）は顧客と相談のうえプロジェクトごとに決定しています。基本的にスプリント共通の定義ですが、スプリント・レトロスペクティブにおいて完成の定義の見直しが発生し、見直した内容で再定義する場合もあります。

項目定義の内容は表 資料 2-22 にまとめてあります。

カテゴリの分類の仕方、対象および対象項目の設定の仕方は、固定ではなく、プロジェクトで固有に設定する内容です。対象項目と適否判定基準により適否判定をします。すべての基準を満たした場合のみ「完成」とする、項目によっては基準を満たしていなくても「可」とするなど、判定の匙加減はプロジェクト判断としています。

7-1.完成の定義

カテゴリ	対象	対象項目	適否判定基準	適否
プロセス	設計	設計レビュー	実施済、レビュー指摘100%修正完了	
		レビュー密度	品質指標に照らして妥当である	
		レビュー指摘密度	品質指標に照らして妥当である	
	実装・単体テスト	コードレビュー	実施済、レビュー指摘100%修正完了	
		ユニットテスト	実施済、バグ修正100%完了	
		カバレッジ測定	カバレッジ90%以上	
		静的解析実施	実施済、エラー除去済	
	結合テスト	テスト仕様書レビュー	実施済、レビュー指摘100%修正完了	
		テスト実施	100%実施済、バグ修正100%完了	
		テスト密度	品質指標に照らして妥当である	
		バグ密度	品質指標に照らして妥当である	
		回帰テスト	100%実施でバグ無し	
	PBIの受入れ基準適合性	－	100%基準に適合	
	課題	－	残課題がないこと	
成果物	ドキュメント	設計書	納品可能状態であること	
		テスト仕様書	納品可能状態であること	
	ソースコード	－	所定の場所にデプロイ済	
	各種規約の準拠	コーティング規約	準拠を確認済	
		ドキュメント規約	準拠を確認済	
		その他		

図 資料 2-22　完成の定義

表 資料2-22 「完成の定義」の項目の内容

項目名称	内　容
カテゴリ	対象となる項目の大分類プロセスと成果物に分類する
対象	カテゴリごとの対象となる項目
対象項目	スプリントの完成判定をするための項目詳細
適否判定基準	当該項目における達成基準
適否	当該項目が基準に達しているかどうかの判定結果

(3) 7-2. 品質評価表

第2部「8.3　品質データの収集および分析について」で述べた通り、プロダクトの品質を評価するための評価表です。実運用では、個々のプロジェクトの特性に応じて、評価観点、測定項目、評価タイミングや評価方法をプロジェクト計画時に定めています。「7-1. 完成の定義」と同様、スプリント・レトロスペクティブの結果として評価内容の見直しが発生し、見直した内容で再定義することもあります。

以下、記載例（図 資料2-23参照）を示し、設定する内容および評価方法を解説します（表 資料2-23参照）。

7-2.品質評価表

カテゴリ	評価観点	測定項目	測定・評価タイミング	評価方法（判断基準）	評価	評点
ソフトウェア品質	レビュー量の適切性	レビュー密度	スプリント毎に測定し、評価 密度の推移を評価し、問題の有無を予測	○：安定して推移／×：大きな乖離あり	○	2
	レビュー指摘量の適切性	レビュー指摘密度		○：少数安定／×：指摘多発	×	0
	テスト件数の適切性	テスト密度		○：安定して推移／×：大きな乖離あり	○	2
	テストバグ数の適切性	バグ密度		○：少数安定／×：バグ多発	○	2
	完成判定後のバグ発生量の推移（スプリント毎）	完成判定後バグ密度（件/Ks）	バグ発生都度計上 最終的にプロジェクト終了時に集計・評価	○：0件／×：1件以上	○	2
プロセス品質	スプリントプランニングの適切な実践	実施の有無	スプリント終了時	○（実施）／×（非実施）	○	2
		タイムボックス		○（適切）／×（長過ぎ）	○	2
		参加者		○（適切）／×（不適切）	○	2
		目的の達成度合い		○（達成）／×（未達）	○	2
	デイリースクラムの適切な実践	実施の有無	デイリーで測定 スプリント終了時評価	○（実施）／△（一部）／×（非実施）	△	1
		タイムボックス		○（適切）／×（長過ぎ）	○	2
		参加者		○（適切）／×（不適切）	○	2
		プラクティス/ツールの実践		○（実施）／×（非実施）	○	2
		目的達成度		○（達成）／×（未達）	○	2
	スプリントレビューの適切な実践	実施有無	スプリント終了時	○（実施）／×（非実施）	○	2
		タイムボックス		○（適切）／×（長過ぎ）	○	2
		参加者		○（適切）／×（不適切）	○	2
		成果の達成度		○（達成）／×（未達）	○	2
	プリントレトロスペクティブの適切な実践	実施有無	同上	○（実施）／×（非実施）	○	2
		タイムボックス		○（適切）／×（長過ぎ）	×	0
		参加者		○（適切）／×（不適切）	○	2
		成果の達成度		○（達成）／×（未達）	○	2
	バックログリファインメントの適切な実践	適切な実施頻度	同上	○（適度に実施）／×（非実施）	○	2
		成果の達成度		○（達成）／×（未達）	×	0
	開発プラクティス、ツールの活用の有無	ペアプログラミング	同上	○（実施）／×（非実施）	○	2
		テスト駆動開発		○（実施）／×（非実施）	×	0
		ユニットテスト		○（実施）／×（非実施）	○	2
		テスト自動化		○（実施）／×（非実施）	○	2
		継続的インテグレーション		○（実施）／×（非実施）	○	2
		リファクタリング		○（実施）／×（非実施）	○	2
		静的解析ツール		○（実施）／×（非実施）	○	2
		カバレッジ測定		○（実施）／×（非実施）	×	0
		構成管理		○（実施）／×（非実施）	○	2
		その他（上記以外に活用したもの）		○（実施）／×（非実施）	－	
	各種規約の準拠	コーディング規約	同上	○（準拠）／×（非）	○	2
		ドキュメント規約		○（準拠）／×（非）	○	2
		その他		○（準拠）／×（非）	－	
チーム品質	スクラムの体制の適切性	プロダクトオーナー	スプリント終了時	○（良）／△（可）／×（不足）	○	2
		スクラムマスター		○（良）／△（可）／×（不足）	○	2
		開発者		○（良）／△（可）／×（不足）	○	2
		ステークホルダー		○（良）／△（可）／×（不足）	○	2
		計画時の構成人員数で安定しているか		○（安定）／△（変動小）／×（変動大）	△	1
	チームの特性	自己組織化しているか	同上	○（良）／△（可）／×（不足）	○	2
		コミュニケーションは良好か		○（良）／△（可）／×（不足）	○	2
	チームの生産力	ベロシティ（完了SP総数）	同上	○：安定して上昇／△：不足傾向	○	2
		計画SP完了率（完了SP数／計画SP数）		○（90%～）／△（70～90%）／×（~70%）	○	2
	手戻り作業率	手戻り工数（人時）	スプリント毎に測定	○：減少傾向／△：安定／×：増加傾向	○	2
		手戻り率（%）	スプリント終了時			

評点合計	78
総合評価 ※S(81～)／A(66～80)／B(51～65)／C(～50)	A

図 資料2-23 品質評価表

カテゴリ、評価観点、測定項目・評価タイミングおよび評価方法について、各内容の設定の考え方は、第 2 部「8.3　品質データの収集および分析について」で述べた通りです。記載例では評価項目ごとに評価基準にもとづきランクを付け、ランクに重み付けをして評点を算出（数値化）し、評点の合計により総合評価をしています。こうした評価の仕方もプロジェクト計画時に決定しています。

表 資料 2-23　7-2. 品質評価表の内容

項目名称	内　容
カテゴリ	プロダクト品質評価の 3 つの側面で分類
評価観点	どういった観点で評価をするか、評価の観点をあげる
測定項目	評価観点にあげた評価を実施するための具体的な測定項目または評価項目
測定・評価タイミング	測定または評価を実施するタイミング
評価方法（判断基準）	達成度合いなどによる評価（ランク付け）の基準
評価	評価方法に基づき評価（ランク付け）する
評点	評価に応じた重み付けにより数値化する

8　完了報告書

プロジェクトの終了、あるいは、ある期間でいったん区切り、プロジェクト全体を振り返ります。学んだこと、課題、改善点をしっかり整理し、プロジェクト完了報告書を記載します（図 資料 2-24 参照）。これは、次のプロジェクトや作業期間のインプットとなり、改善、品質向上につなげます。

プロジェクト完了時の報告書の各項目は表 資料 2-24 の通りです。

プロジェクト完了報告書

プロジェクト名:		記入日:	
プロジェクト番号:		記入者:	

品質目標に対する達成度の評価	
目標:	
実績:	
取組み評価:	

ベロシティの評価(計画達成度と実績推移)

プラクティス・プロセスの評価

プロジェクト全体の評価	
評価する点:	
反省する点:	
課題:	

顧客満足に関する情報

次プロジェクトへの改善項目

図 資料 2-24　プロジェクト完了報告書

表 資料2-24　プロジェクト完了報告書の記載内容

項目名称	内　容
プロジェクト名	プロジェクト名称を記入する
プロジェクト番号	プロジェクト番号を記入する
記入日	報告書を記入した日付を記入する
記入者	記入者を記入する
品質目標に対する達成度の評価	計画時に立てた品質目標の達成度を評価する。そのために取り組んだプロセスについても評価を記載する
ベロシティの評価（計画達成度と実績推移）	ベロシティの推移、予実をプロジェクト全体通して、評価を記載する
プラクティス・プロセスの評価	取り組んだプラクティスやスプリント内でのプロセス、ツールなどについて振り返り、その内容を記載する
プロジェクト全体の評価	プロジェクト全体を評価する点、反省する点、課題の観点で記載する
顧客満足に関する情報	顧客の評価、満足度についての情報があれば記載する。
次プロジェクトへの改善項目	プロジェクト全体を振り返り、次のプロジェクトで改善する点を記載する。

以上が当社のプロジェクト計画書の解説となりますが、実施するスクラム開発プロジェクトの特色に応じた使い方があります。すべての項目を埋めようとするのではなく、必要な部分を必要に応じて使うことをお勧めします。

資料3
【雛型】プロジェクト計画書兼報告書

「資料2　プロジェクト計画書の解説」で一部の説明をしています。ここでは当社で使用している「【雛型】プロジェクト計画書兼報告書」Excelシートを、改めてすべて掲載します。それぞれのシートには、対応する資料2を〔　〕で記載してあります。

なお、シートは以下の13シートからなります。

また、各シートには記載例を入れているものもあります。

「1. 管理表」シート
「1-1. プロセスのテーラリング」シート
「2. 体制」シート
「2-2. 役割と責任」シート
「2-3. スキルマップ」シート
「3. リスク管理」シート
「4. 予算・要員計画」シート
「5. マスタスケジュール」シート
「6. 進捗管理」シート
「7. 品質管理」シート
「7-1. 完成の定義」シート
「7-2. 品質評価表」シート
「8. 完了報告書」シート

1 「1.管理表」シート

4ページに分割して掲載します。

● プロジェクト概要〔資料2　1.1 プロジェクト概要〕

1.管理表						
プロジェクト概要						
プロジェクト番号						
プロジェクト名						
システム名						
システム概要						
顧客名						
背景／目的（ビジョン）						
プロジェクト予算	受注額			受注状況		
	予定原価			予定工数		人月
作業期間	～			工期		ヶ月
スプリント定義	ﾀｲﾑﾎﾞｯｸｽ					
	回数					
開発項目						
開発言語						
開発ツール						
管理ツール						
開発環境	機器			ＯＳ		
	作業場所					
適用開発手法	フレームワーク	スクラム	プラクティス			
プロジェクト方針						
品質目標						
品質計画						
セキュリティ計画						

● スクラムイベント／その他会議体〔資料２　1.2 スクラムイベント／その他会議体〕

スクラムイベント／その他会議体					
□ スプリントプランニング		開催頻度	毎スプリント開始前	主催者	
参加者	PO、SM、開発者				
実施方法					
□ デイリースクラム		開催頻度	毎日	主催者	
参加者	開発者、（SM）				
実施方法					
□ スプリントレビュー		開催頻度	毎スプリント終了時	主催者	
参加者	PO、SM、開発者、ステークホルダー				
実施方法					
□ スプリントレトロスペクティブ		開催頻度	毎スプリント終了時	主催者	
参加者	PO、SM、開発者				
実施方法					
□ その他会議		開催頻度		主催者	
参加者					
実施方法					
□ 社内進捗報告		開催頻度		担当者名	
報告方法					
報告ルート					

● 工程及びプロセスの定義〔資料２　1.3　工程及びプロセスの定義〕

工程及びプロセスの定義　→各工程で実施するプロセスは、「1-1.プロセスのテーラリング」に記載

工程名	プロセス	インプット	アウトプット	マイルストーン
計画・立上げ				
スプリント1				
	スプリント回数（n回）分を計画する			
スプリントn				
終結				

● レビュー計画〔資料２　1.5 レビュー計画〕

レビュー計画					
種別	工程名	レビュー名称	実施方法	予定日	実施日
内	計画・立上げ				
	スプリント1				
		スプリント回数（n回）分を計画する			
	スプリントn				
内	終結				

・計画・立上げ工程：PO（顧客）が作成する前提であれば不要
・スプリント1〜スプリントn：スプリントの纏まり（契約単位や機能リリース単位など）をフェーズと定義し、フェーズごとに繰り返し記載する場合もある

● プロジェクト完了〔資料２　1.6 プロジェクト完了〕

プロジェクト完了							
振り返り	予定日		実施日		Prj完了日		

● 構成管理〔資料２　1.7 構成管理〕

構成管理	
構成管理担当者	
構成管理ツール	

● 成果物〔資料2　1.8 成果物〕

成果物				
成果物名称	構成管理		納品予定日	納品日
	対象	開始時期		
			－	－
			－	－

・プロダクトバックログ：通常は顧客（PO）が作成、維持する為、不要
・外部設計書～システムテスト仕様書／成績書：フェーズごとの納品がある場合、各フェーズの予定を記載

● トレーニング計画〔資料2　1.9 トレーニング計画〕

トレーニング計画					
No.	トレーニング内容	対象者	予定時期	実施報告	備考

● 特記事項、ほか〔資料2　1.10 特記事項〕

特記事項

2 「1-1. プロセスのテーラリング」シート〔資料2 1.4 プロセスのテーラリング〕

2ページに分割して掲載します。

● スクラムプロセス

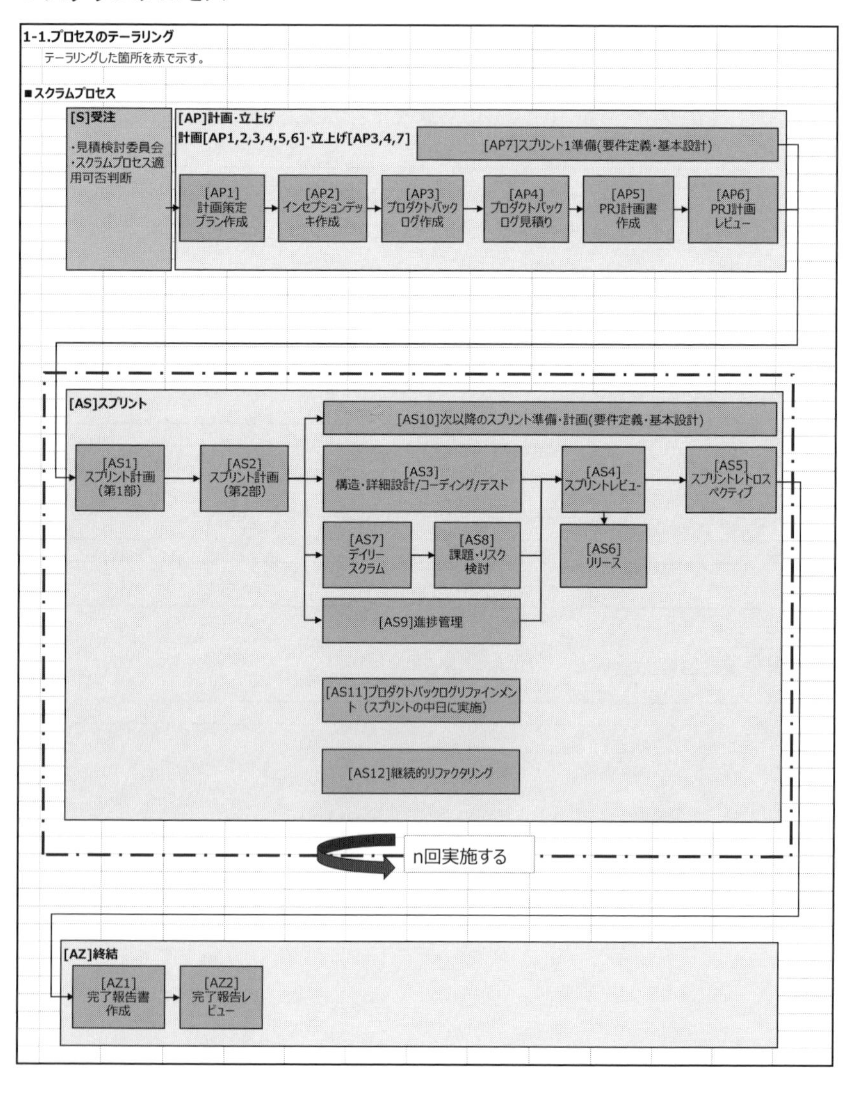

● テーラリング用ワークシート

■テーラリング用ワークシート

工程	番号	プロセス	適用方針	テーラリング内容

3 「2. 体制」シート〔資料2　2.1 体制図〕

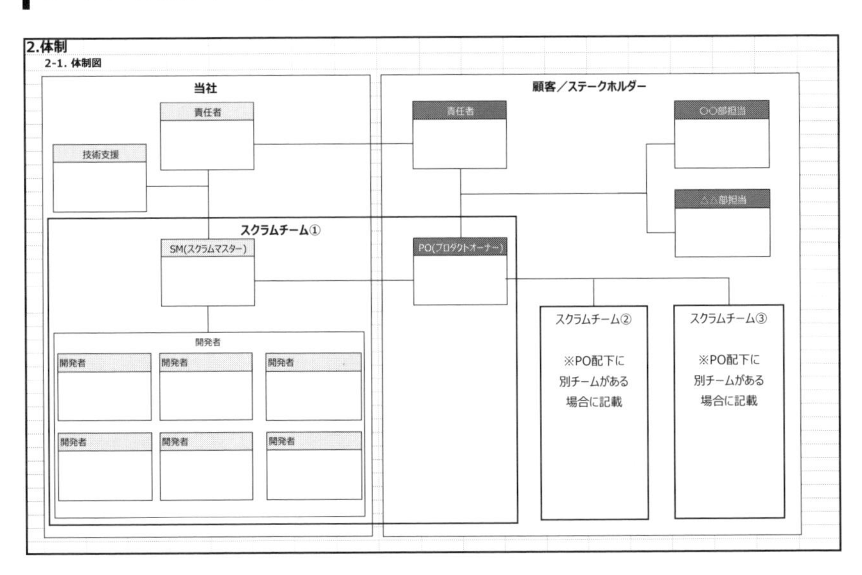

4 「2-2. 役割と責任」シート〔資料２ 2.2 役割と責任〕

2-2.役割と責任

顧客／ステークホルダー

役割	会社・部署	氏名	責任	

当社管理及び支援

役割	会社・部署	氏名	責任	

スクラムチーム

役割	会社・部署	氏名	責任	主な担当作業

スクラムチームにおける役割・責任

役割	責任	特徴

開発者の役割・責任

役割	責任

5. 「2-3. スキルマップ」シート〔資料2　2.3 スキルマップ〕

2-3.スキルマップ

会社・部署	氏名	標準スキルセット										固有スキルセット									
		要	基	構	製	単	結	総	環	フレ	M	1	2	3	4	5	6	7			

当プロジェクトにおけるスキルレベル

◎：人に教えられる　○：自力でできる　△：支援があればできる

標準スキル

要	要件定義
基	基本設計（外部設計）
構	構造設計・詳細設計（内部設計）
製	コーディング
単	単体テスト
結	統合テスト
総	システムテスト（運用試験、性能試験、ユーザー受入試験）
環	開発・本番環境構築、基盤構築
フレ	アプリケーションフレームワーク開発
M	マネジメント

固有スキル(必要に応じて記入)

1	
2	
3	
4	
5	
6	
7	

6「3. リスク管理」シート〔資料2 3 リスク管理〕

3.リスク管理

考えられるリスクを洗い出し、分析／対策検討／対策実施を行う。
開発期間中、随時、追加／更新を行っていく。

更新日： 2019/1/20

外部リスク

No	登録日	リスク項目	リスク要因	発生度（高中低）	影響度（大中小）	発生時に考えられる影響	優先度（ABC）	対策方針	対策内容	リスク発生事後対応（リスク登録時に、必要に応じて計画し記述する）	対策実施状況（完了日）	監視タイミング	監視状況

内部リスク

更新日：

No	登録日	リスク項目	リスク要因	発生度（高中低）	影響度（大中小）	発生時に考えられる影響	優先度（ABC）	対策方針	対策内容	リスク発生事後対応（必要に応じて計画し記述）	対応状況（完了日）	監視タイミング	監視タイミング

7 「4. 予算・要員計画」シート〔資料2　4 予算・要員計画〕

2ページに分割して掲載します。

● 先頭から外注費

4.予算・要員計画

計画日	2022/4/1	2022/12/1
受注額		
予定原価		
内 予備費		
計画時粗利率		

	4月	5月	6月	7月	8月	9月	10月	11月	12月	計
売上見込金額										¥ -
工数原価										¥ -
外注費										¥ -
その他経費　ソフト購入費、交通費など										¥ -
P発生原価										¥ -
P粗利										¥ -
P粗利率										0.00%

＜以下は、必要に応じて使用してください＞ 工数は、計画値あるいは実績値を入力します。

工数(H)詳細	プロパ要員（人数）	部署名	0.00	0.00	0.00	0.00	0.00	0.00	0.00	0.00	0.00	0.00
1												0.00H
2												0.00H
3												0.00H
4												0.00H
5												0.00H
6												0.00H
7												0.00H
8												0.00H
9												0.00H
外注費(¥)詳細	外注人数	契約	0.00	0.00	0.00	0.00	0.00	0.00	0.00	0.00	0.00	0.00
1												¥ -
2												¥ -
3												¥ -
4												¥ -
5												¥ -
6												¥ -
7												¥ -

● 要員配置以下

要員配置										

予想原価と粗利率の推移

報告日	コメント	受注額	消化原価	今後の原価予想	予想原価	予想粗利率
2019/4/1						
2019/5/1						
2019/6/1						
2019/7/1						
2019/8/1						
2019/9/1						
2019/10/1						
2019/11/1						
2019/12/1						
2019/12/25						

※毎月の値を転記して、残してください。

予想原価と粗利率の推移
¥1 120.00%
¥1 100.00%
¥1 80.00%
¥1 60.00%
¥0 40.00%
¥0 20.00%
¥0 0.00%
2019/4/1 2019/5/1 2019/6/1 2019/7/1 2019/8/1 2019/9/1 2019/10/1 2019/11/1 2019/12/1
予想原価 予想粗利率

8 「5. マスタスケジュール」シート〔資料2　5 マスタスケジュール〕

5.マスタスケジュール

作成日付：

			4月	5月	6月	7月	8月	9月	10月	11月	12月	1月	備考
外部イベント													
内部イベント													
受注													
検収													

No.	項目	小項目	4月	5月	6月	7月	8月	9月	10月	11月	12月	1月	備考
1													
2													
3													
4													
5													
6													
7													
8													
9													
10													
No.	項目	小項目	4月	5月	6月	7月	8月	9月	10月	11月	12月	1月	備考

9 「6. 進捗管理」シート〔資料2 6 進捗管理〕

6.進捗管理

<計画と実績>

※残作業量は、時間やポイントなどで表す。

全体

番号	作業項目	予定 開始	予定 終了	実績 開始	実績 終了	計画工数(H)	実績工数(H)	残作業量（実績） Total	残作業量（計画） Total
	■全体								0

スプリント毎

番号	作業項目	予定 開始	予定 終了	実績 開始	実績 終了	計画工数(H)	実績工数(H)	残作業量（実績） Total	残作業量（計画） Total
	■スプリント1								
番号	作業項目	予定 開始	予定 終了	実績 開始	実績 終了	計画工数(H)	実績工数(H)	残作業量（実績） Total	残作業量（計画） Total
	■スプリント2								
番号	作業項目	予定 開始	予定 終了	実績 開始	実績 終了	計画工数(H)	実績工数(H)	残作業量（実績） Total	残作業量（計画） Total
	■スプリント3								
番号	作業項目	予定 開始	予定 終了	実績 開始	実績 終了	計画工数(H)	実績工数(H)	残作業量（実績） Total	残作業量（計画） Total
	■スプリント4								
番号	作業項目	予定 開始	予定 終了	実績 開始	実績 終了	計画工数(H)	実績工数(H)	残作業量（実績） Total	残作業量（計画） Total
	■スプリント5								
番号	作業項目	予定 開始	予定 終了	実績 開始	実績 終了	計画工数(H)	実績工数(H)	残作業量（実績） Total	残作業量（計画） Total
	■スプリント6								

● バーンダウンチャート（全体）

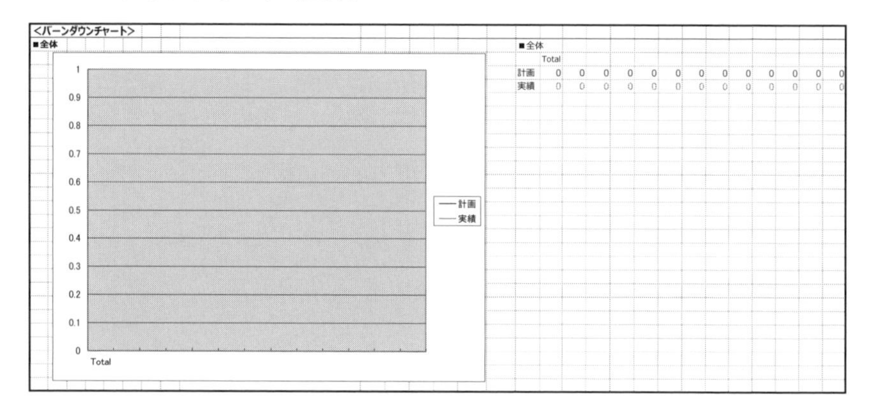

● バーンダウンチャート（スプリント1）

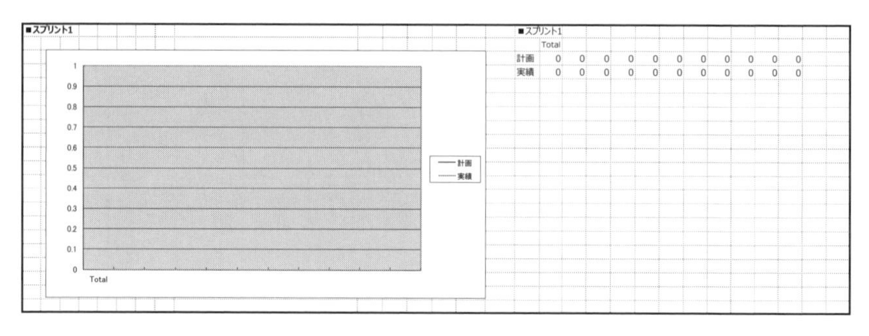

スプリント2～6の掲載は省略しました。

10 「7.品質管理」シート〔資料2 7 (1) 7.品質管理〕

7.品質管理

<開発規模と生産効率>

項目		単位	スプリント1			スプリント2			スプリントn			プロジェクト合計		
			計画	実績	差異	計画	実績	差異	計画	実績	差異	計画	実績	差異
開発規模	開発工数	人月												
生産量	新規	Kstep												
	改造	Kstep												
	流用	Kstep												
生産量合計	(新規+改造+流用)	Kstep												
開発量	(新規+改造)	Kstep												
生産効率	(生産量合計÷開発工数)	Ksetp/人月												
開発効率	(開発量÷開発工数)	Ksetp/人月												
ベロシティ(生産力)		SP/スプリント												

<目標値>

工程	指標名	単位	スプリント1			スプリント2			スプリントn			プロジェクト		
			中央値	下限値	上限値	中央値	下限値	上限値	中央値	下限値	上限値	中央値	下限値	上限値
※プロジェクトの各工程の開始までに目標値(密度)を設定すること。(許容範囲は目標の±20%で設定)														
基本設計	設計書ページ密度	ページ/Kstep												
基本設計	レビュー密度	人時/Kstep												
基本設計	レビュー指摘密度	件/Kstep												
実装	コードレビュー実施率	%												
結合テスト	テストケース密度	件/Kstep												
結合テスト	バグ密度	件/Kstep												

<予測と実績>

工程	指標名	単位	スプリント1			スプリント2			スプリントn			プロジェクト		
			予測値	実績値	差異	予測値	実績値	差異	予測値	実績値	差異	予測値	実績値	差異
※目標値をもとに作成するドキュメントの頁数やバグ件数を予測する。計算式等は適宜修正。														
基本設計	設計書作成ページ数	ページ												
基本設計	レビュー時間	時間												
基本設計	指摘件数	件												
結合テスト	テストケース数	件												
結合テスト	バグ数	件												
−	完成判定後バグ数	件												
基本設計	設計書ページ密度	ページ/Kstep												
基本設計	レビュー密度	人時/Kstep												
基本設計	レビュー指摘密度	件/Kstep												
結合テスト	テストケース密度	件/Kstep												
結合テスト	バグ密度	件/Kstep												

11 「7-1. 完成の定義」シート〔資料2 7 (2) 7-1. 完成の定義〕

7-1.完成の定義

カテゴリ	対象	対象項目	適否判定基準	適否	備考
プロセス	設計	設計レビュー	実施済、レビュー指摘100%修正完了		
		レビュー密度	品質指標に照らして妥当である		
		レビュー指摘密度	品質指標に照らして妥当である		
	実装・単体テスト	コードレビュー	実施済、レビュー指摘100%修正完了		
		ユニットテスト	実施済、バグ修正100%完了		
		カバレッジ測定	カバレッジ90%以上		
		静的解析実施	実施済、エラー除去済		
	結合テスト	テスト仕様書レビュー	実施済、レビュー指摘100%修正完了		
		テスト実施	100%実施済、バグ修正100%完了		
		テスト密度	品質指標に照らして妥当である		
		バグ密度	品質指標に照らして妥当である		
		回帰テスト	100%実施でバグ無し		
	PBIの受入れ基準適合性	−	100%基準に適合		
	課題	−	残課題がないこと		
成果物	ドキュメント	設計書	納品可能状態であること		
		テスト仕様書	納品可能状態であること		
	ソースコード	−	所定の場所にデプロイ済		
	各種規約の準拠	コーティング規約	準拠を確認済		
		ドキュメント規約	準拠を確認済		
		その他			

12 「7-2. 品質評価表」シート〔資料2 7 (3) 7-2. 品質評価表〕

2ページに分割して掲載します。

7-2.品質評価表

カテゴリ	評価観点	測定項目	測定・評価タイミング	評価方法（判断基準）	評価	評点
ソフトウェア品質	レビュー量の適切性	レビュー密度	スプリント毎に測定し、評価 密度の推移を評価し、問題の有無を予測	○：安定して推移／×：大きな乖離あり	○	2
	レビュー指摘量の適切性	レビュー指摘密度		○：少数安定／×：指摘多発	×	0
	テスト件数の適切性	テスト密度		○：安定して推移／×：大きな乖離あり	○	2
	テストバグ数の適切性	バグ密度		○：少数安定／×：バグ多発	○	2
	完成判定後のバグ発生量の推移（スプリント毎）	完成判定後バグ密度（件/Ks）	バグ発生都度計上 最終的にプロジェクト終了時に集計・評価	○：0件／×：1件以上	○	2
プロセス品質	スプリントプランニングの適切な実践	実施の有無	スプリント終了時	○（実施）／×（非実施）	○	2
		タイムボックス		○（適切）／×（長過ぎ）	○	2
		参加者		○（適切）／×（不適切）	○	2
		目的の達成度合い		○（達成）／×（未達）	○	2
	デイリースクラムの適切な実践	実施の有無	デイリーで測定 スプリント終了時評価	○（実施）／△（一部）／×（非実施）	△	1
		タイムボックス		○（適切）／×（長過ぎ）	○	2
		参加者		○（適切）／×（不適切）	○	2
		プラクティス/ツールの実践		○（実施）／×（非実施）	○	2
		目的達成度		○（達成）／×（未達）	○	2
	スプリントレビューの適切な実践	実施有無	スプリント終了時	○（実施）／×（非実施）	○	2
		タイムボックス		○（適切）／×（長過ぎ）	○	2
		参加者		○（適切）／×（不適切）	○	2
		成果の達成度		○（達成）／×（未達）	○	2
	プリントレトロスペクティブの適切な実践	実施有無	同上	○（実施）／×（非実施）	○	2
		タイムボックス		○（適切）／×（長過ぎ）	×	0
		参加者		○（適切）／×（不適切）	○	2
		成果の達成度		○（達成）／×（未達）	○	2
	バックログリファインメントの適切な実践	適切な実施頻度	同上	○（適度に実施）／×（非実施）	○	2
		成果の達成度		○（達成）／×（未達）	×	0
	開発プラクティス、ツールの活用の有無	ペアプログラミング	同上	○（実施）／×（非実施）	○	2
		テスト駆動開発		○（実施）／×（非実施）	×	0
		ユニットテスト		○（実施）／×（非実施）	○	2
		テスト自動化		○（実施）／×（非実施）	○	2
		継続的インテグレーション		○（実施）／×（非実施）	○	2
		リファクタリング		○（実施）／×（非実施）	○	2
		静的解析ツール		○（実施）／×（非実施）	○	2
		カバレッジ測定		○（実施）／×（非実施）	×	0
		構成管理		○（実施）／×（非実施）	○	2
		その他（上記以外に活用したもの）		○（実施）／×（非実施）	－	
	各種規約の準拠	コーディング規約	同上	○（準拠）／×（非）	○	2
		ドキュメント規約		○（準拠）／×（非）	○	2
		その他		○（準拠）／×（非）	－	

第3部 各種資料

資料3 【雛型】プロジェクト計画書兼報告書

チーム品質	スクラムの体制の適切性	プロダクトオーナー	スプリント終了時	○（良）／△（可）／×（不足）	○	2
		スクラムマスター		○（良）／△（可）／×（不足）	○	2
		開発者		○（良）／△（可）／×（不足）	○	2
		ステークホルダー		○（良）／△（可）／×（不足）	○	2
		計画時の構成人員数で安定しているか		○（安定）／△（変動小）／×（変動大）	△	1
	チームの特性	自己組織化しているか	同上	○（良）／△（可）／×（不足）	○	2
		コミュニケーションは良好か		○（良）／△（可）／×（不足）	○	2
	チームの生産力	ベロシティ（完了SP総数）	同上	○：安定して上昇／△：不足傾向	○	2
		計画SP完了率（完了SP数／計画SP数）		○（90%～）／△（70～90%）／×（~70%）	○	2
	手戻り作業率	手戻り工数（人時）	スプリント毎に測定	○：減少傾向／△：安定／×：増加傾向	○	2
		手戻り率（%）	スプリント終了時			
				評点合計		78
				総合評価 ※S(81～)／A(66～80)／B(51～65)／C(～50)		A

13 「8. 完了報告書」シート〔資料2　8 完了報告書〕

プロジェクト完了報告書

プロジェクト名:		記入日:	
プロジェクト番号:		記入者:	

品質目標に対する達成度の評価	
目標:	
実績:	
取組み評価:	

ベロシティの評価(計画達成度と実績推移)

プラクティス・プロセスの評価

プロジェクト全体の評価	
評価する点:	
反省する点:	
課題:	

顧客満足に関する情報

次プロジェクトへの改善項目

資料4

見積リスク評価表

項番	区分	評価項目	評価 度合×重み	度合
1	前提	案件は、法令・規制（コンプライアンス）に関して問題がないか※1		
2	前提	案件は、情報セキュリティ（外部要因、内部要因）に関して問題ないか※1		
3	前提	新規顧客、または既存顧客の新規部門ではないか		
4	要件	要件が不明確なままでの要求になっていないか		
5	要件	要件の引き出し不足はないか		
6	要件	要件の理解不足はないか		
7	要件	要件の実現性はあるか		
8	要件	要求される品質レベルは高く（厳しく）ないか		
9	要件	納品する成果物は明確になっているか		
10	スコープ	顧客との作業分担が明確になっているか		
11	スコープ	受注範囲を含めスコープが明確になっているか		
12	スコープ	受注範囲に対して他との依存関係があるか		
13	見積	採算見通し		
14	見積	見積の前提条件は明示的になっているか		
15	見積	見積項目は十分か		
16	見積	見積の根拠は明確か		
17	見積	過去同種システムの見積もり経験があるか		
18	見積	業務範囲等条件が変更になる場合、再見積りは可能か		
19	計画	プロジェクト計画の参考になるデータがあるか		
20	計画	無理な納期、マイルストーンになっていないか		
21	体制	プロジェクトに必要な体制を構築できるか		
22	体制	PMまたはPLの掛け持ちが多くなることはないか		
23	体制	強引なメンバーチェンジの可能性はないか		
24	体制	ニアショアを使用するか		
25	スキル	プロジェクトマネージャのスキル不足はないか		
26	スキル	一括請負契約プロジェクトのPL経験はあるか（経験プロジェクト数）		
27	スキル	今回と同等規模のプロジェクトのPL経験はあるか（人員数）		
28	スキル	求められる業務知識を持っているか		
29	スキル	求められる技術知識を持っているか		
30	スキル	求められる開発ツールの利用技術を持っているか		
31	スキル	採用する開発手法（アジャイルなど）の知識や経験を持っているか		
32	調達	外部要員の調達が予定通り行えない可能性はないか		
33	調達	調達要員のスキル不足はないか（外注）		
34	調達	求められる技術が調達先（外注）依存になっていないか		
35	顧客	スケジュール変更の可能性はないか		
36	顧客	顧客はプロジェクト作業へ協力的か		
37	顧客	仕様決定の先送りの可能性はないか		
38	顧客	大量の仕様変更の可能性はないか		
39	顧客	自社主導でプロジェクト管理する一括請負案件か※2		
総合	総合	総合的にみてこのプロジェクトは		
総計				
特記事項				

図 資料4-1　見積リスク評価表（チェックシート）

当社では、見積り提示の前に、その案件が持つリスクの度合いを評価し、必要に応じてリスクヘッジ策を立てたうえで見積りを提出する運用をしています。ここでは、見積リスク評価のためのツールを紹介します。

「見積リスク評価表」は案件受注において想定されるリスクとその度合いを評価し、総合的なリスクを数値化するチェック表です。数値が高いほどリスクが大きいと判断され、リスクヘッジ策が求められます。リスク度合いが特に高い（発生の可能性およびその影響度が高い）と判断したリスク項目については、「高リスク項目アクションプラン」により具体的なアクションプランに落とし込み、リスク管理をしています。

リスク度2	リスク度1	リスク度0	重み	項番
. わからない(判断がつかない)	1. ー	0. 問題はない	2	1
. わからない(判断がつかない)	1. 自社内で対応可能なレベル	0. 問題はない	2	2
. 新規顧客	1. 既存顧客だが初めて取引する部門	0. 既存	1	3
. 不明確	1. 明確になる時期が決まっている	0. 明確である	2	4
. 非常に不安	1. 若干の不安あり	0. 十分引き出している	1	5
. 非常に不安	1. 若干の不安あり	0. 十分理解している	1	6
. 非常に不安	1. 若干の不安あり	0. 問題はない	2	7
. 非常に高い(厳しい)	1. 高い(厳しい)	0. 普通	1	8
. 明確になっていない	1. 一部だけ明確になっている	0. 明確である	1	9
. 明確になっていない	1. 一部だけ明確になっている	0. 明確である	1	10
. 明確になっていない	1. 一部だけ明確になっている	0. 明確である	1	11
. 依存関係が多い	1. 依存関係が少ない	0. 依存関係はない	1	12
. 粗利益率10%未満	1. 粗利益率10%以上20%未満	0. 粗利益率20%以上	2	13
. 明示していない	1. ほぼ明示している	0. 全て明示している	1	14
. 非常に不安	1. 若干の不安あり	0. 十分	1	15
. 不明確	1. ー	0. 明確	1	16
. 経験なく不安要素あり	1. 経験ないが不安要素なし	0. 経験あり	1	17
. 不可能	1. 相談可能	0. 可能(契約書等にあり)	1	18
. まったく無し	1. 類似プロジェクトデータあり	0. 過去のプロジェクトデータあり	1	19
. かなり困難が予想される	1. 余裕はないが日程通り可能	0. 余裕がある	2	20
. 構築できる目途が立っていない	1. 構築できる目途が立っている	0. 問題なく構築できる	2	21
. 遂行に影響が出る可能性がある	1. 多いが遂行に影響しない	0. 掛け持ちはない	2	22
. 可能性が高い	1. 高くないが可能性がある	0. ほとんど可能性がない	2	23
. 新規ニアショアを使用	1. 実績のあるニアショアを使用	0. ニアショアは使用しない	1	24
. 非常に不安	1. 若干の不安あり	0. 満足できる	1	25
. 初めて経験する	1. 一度経験している	0. 複数回の経験がある	1	26
. 初めて経験する	1. 一度経験している	0. 複数回の経験がある	1	27
. 自信がない	1. 教育等により対応可能	0. 十分持っている(または不要)	1	28
. 自信がない	1. 教育等により対応可能	0. 十分持っている(または不要)	1	29
. 自信がない	1. 教育等により対応可能	0. 十分持っている(または不要)	1	30
. 自信がない	1. 教育等により対応可能	0. 十分持っている(または不要)	1	31
. 可能性が高い	1. 高くないが可能性がある	0. ほとんど可能性がない	1	32
. 非常に不安	1. 若干の不安あり	0. 満足できる	1	33
. 可能性が高い	1. 高くないが可能性がある	0. ほとんど可能性がない	2	34
. 可能性が高い	1. 高くないが可能性がある	0. ほとんど可能性がない	1	35
. ほとんど丸投げ(関与なし)	1. ある程度関与する	0. 協力的である	1	36
. 可能性が高い	1. 高くないが可能性がある	0. ほとんど可能性がない	1	37
. 可能性が高い	1. 高くないが可能性がある	0. ほとんど可能性がない	1	38
. 自社主導の一括請負案件	1. 一括請負案件だが自社主導でない	0. 一括請負案件でない	2	39
. 非常にリスクが高い	1. リスクがある	0. リスクはあまりない	1	

リスクの中でも発生の可能性および影響度の高い項目については図 資料4-2の表を用いてアクションプランに落とし込みを行い管理しています。

高リスク項目アクションプラン

プロジェクトNo.		プロジェクト名

No	発行日	評価項目	発生度	影響度	優先度	リスク項目/不適合等
1						
2						
3						
4						
5						
6						
7						
8						
9						
10						

図 資料4-2　高リスク項目アクションプラン

予防対策	事後対策とタイミング	監視期間	状況	対応完了日

資料5

スクラム開発プロセス俯瞰図

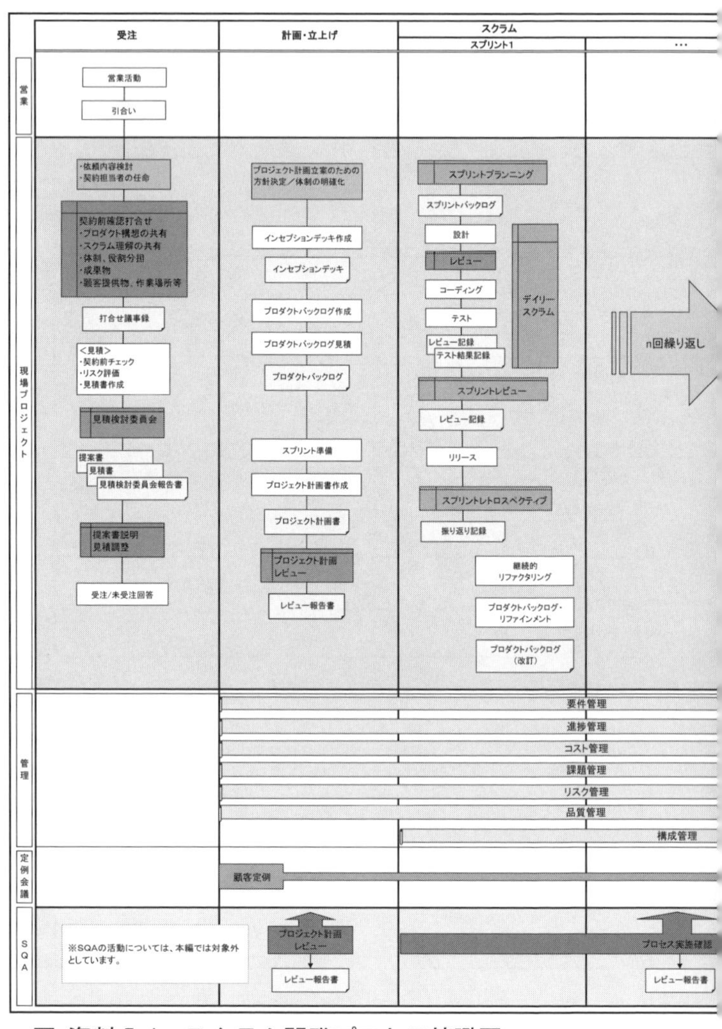

図 資料5-1 スクラム開発プロセス俯瞰図

図 資料5-1は当社の受注から終結までの標準的なスクラム開発のプロセスを俯瞰した図になります。スクラムの前後には当社の実施すべき手続きが表現されています。

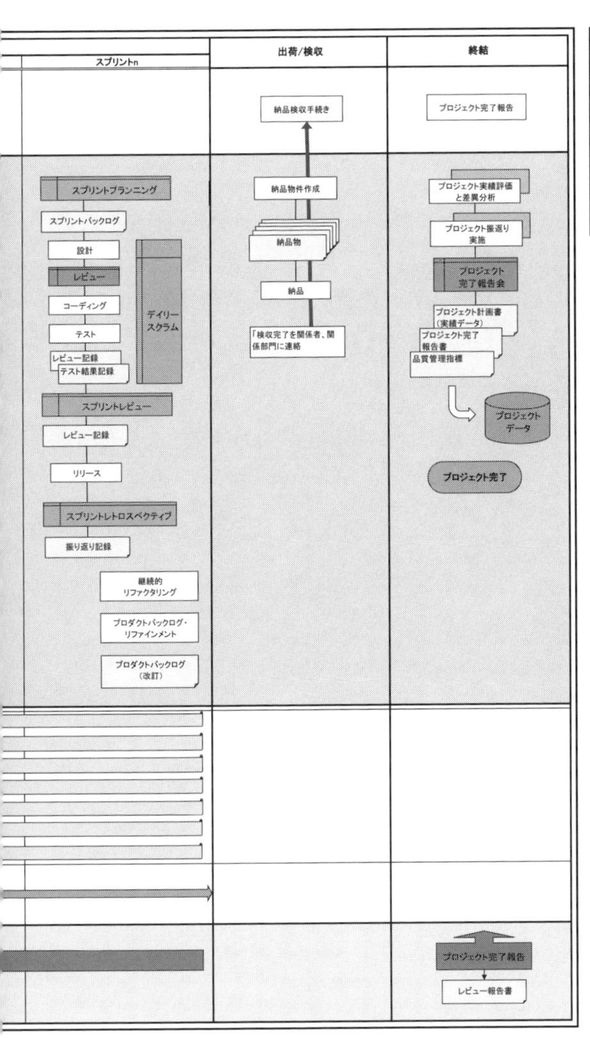

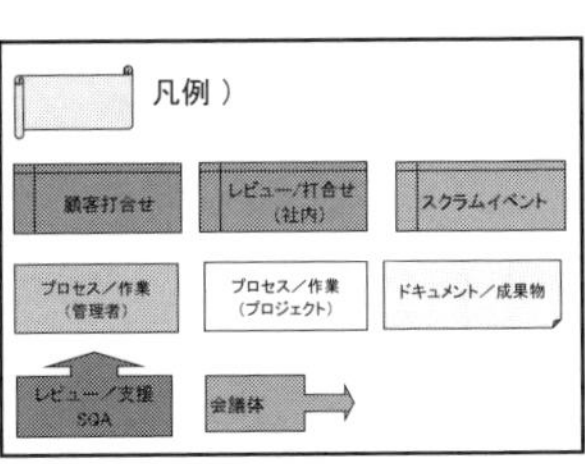

第3部 各種資料

資料 6

スクラムの実例紹介

ここでは、当社のグループ企業である、株式会社 NID・MI（以下「NID・MI」）におけるスクラムを使ったプロダクト開発のプロジェクトの実例をできる限りそのままの形で紹介いたします。ただし一部の情報についてはフィルターをかけております。

当社ではドキュメントの一部であるインセプションデッキは『Jonathan Rasmusson 著，西村直人・角谷信太郎 監訳，近藤修平・角掛拓未 訳，アジャイルサムライ－達人開発者への道，2011 年，オーム社』の監訳者である角谷信太郎氏が下記の GitHub に公開されているものを使用させて頂きました。掲載にあたっては、Creative Commons の表記もしています。

https://github.com/agile-samurai-ja/support/tree/master/blank-inception-deck

1 プロジェクトの背景

ここで紹介するプロジェクトは2020年にNID・MIのDX推進室が中心となって立ち上げた中期経営計画の事業ポートフォリオに掲げた戦略の一部で、「コンテンツ管理配信」というサービスを提供するためのアプリケーションを構築するプロジェクトとして実施したものです。

2 プロジェクトの概要

2.1 目的

当プロジェクトの目的は以下の事柄により、事業基盤の拡大を図ることでした。

- ISP/映像配信系のSIerに対して、ソフトウエア・システム開発技術の提供を通じて映像管理・配信インフラの構築・発展に寄与（ビジネス基盤確立に貢献）
- コンテンツ管理配信ビジネスの関連技術を社内に蓄積して（スクラッチ開発によらない）他案件への展開を図る

上記の方向性に加え、社内でのスクラム開発のノウハウを蓄積することも目的の一つでした。つまり将来に向けた事業推進のための先行投資的な位置づけのプロジェクトといえるものです。

2.2 期間・体制・その他

その他の情報について以下に示します、インフラ、開発環境などの技術的な部分は省略しています。

(1) 期間

期間は、2020年12月～2021年4月の約5ヵ月間です。

(2) 体制

図 資料6-1のようにスクラムチームはプロダクトオーナー、スクラムマスター、開発者4名の体制で実施しました。

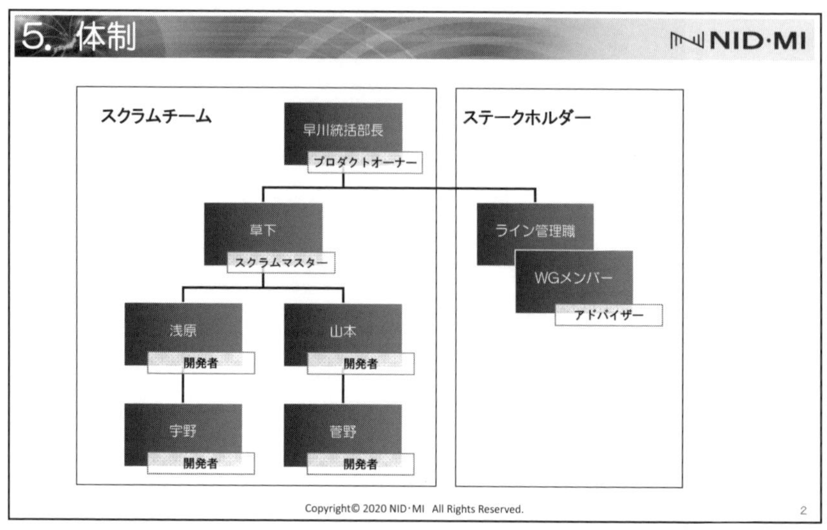

図 資料6-1　体制図

(3) ペルソナ

イベント開催者・インターネットサービスプロバイダ・映像配信業者・小規模の事業者としています。

(4) システム化のイメージ

ビジネスモデルをシステム化イメージとして簡単に表現したものを図 資料6-2に掲載します。コンテンツ配信を業とする企業にシステムを貸し出しその利用料を課金するビジネスで、AWS（Amazon Web Services　Amazon社が提供するクラウドサービス）上にその配信するためのシステムを構築するのが今回の目的です。

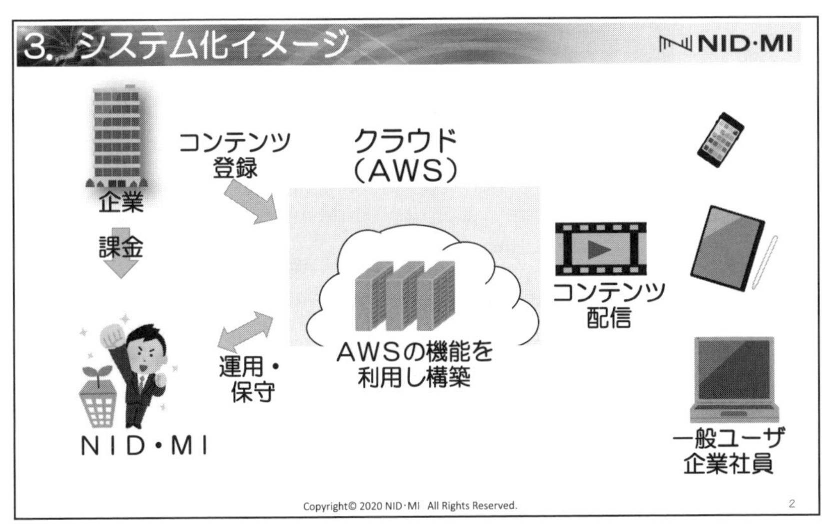

図 資料6-2　システム化イメージ

第3部 各種資料

(5) ツール

本プロジェクトにて使用したツールは図 資料6-3の通りです。プロジェクト開始時に共有しています。POは、プロダクトオーナーの略です。

利用ツールについて

NID·MI

使用しているツールは以下の通り。

生成物	責任者	ツール	備考
プロダクトバックログ	PO	Excel	・随時優先度と内容の精査を行う ・(チーム内の)誰でも更新可能
スプリントバックログ	開発者	JIRA	・プロダクトバックログから当該スプリント内で実施する項目を作成 ・1項目辺り4h以内が目安。
プロダクト(インクリメント)	開発者	AWS	・プロダクトバックログに関連したスプリント毎の動くもの ・スプリント毎にインクリメントされる
ソースコード	開発者	GitHub	・スプリント毎にブランチを作成
レビュー記録	開発者	Lightning Review	・各プロダクトに対するレビューコメントや対処記録
レトロスペクティブ	スクラムチーム	KPTon	・KPT(KeepProblemTry)にて、スクラムチーム全体でスプリント毎に実施
各種運用ルール	開発者	Teams	・開発者用のチャンネルにWikiや開発ルールを作成
会議／打合せ	開発者	Teams	・デイリースクラム(9:10-9:25) ・日々のすり合わせ ・スプリントレビュー、スプリントレトロスペクティブ

図 資料6-3　ツール

(6) その他

開発インフラ・動作環境等、技術的な事柄については本書の主旨と違いますので省きます。

(7) スクラム概要

当プロジェクトではプロダクトオーナーをはじめスクラムに初めて取り組むメンバーも多かったために以下の説明資料を作成して事前にチーム内で共有しました。

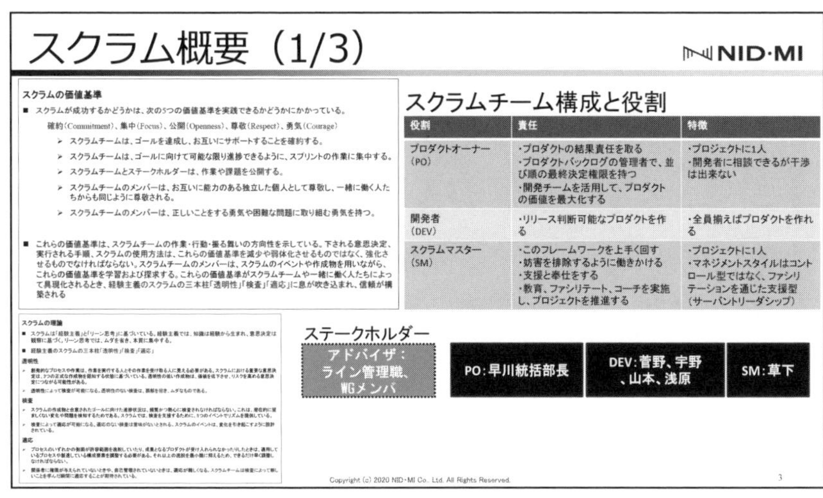

図 資料 6-4　スクラム概要（1/3）

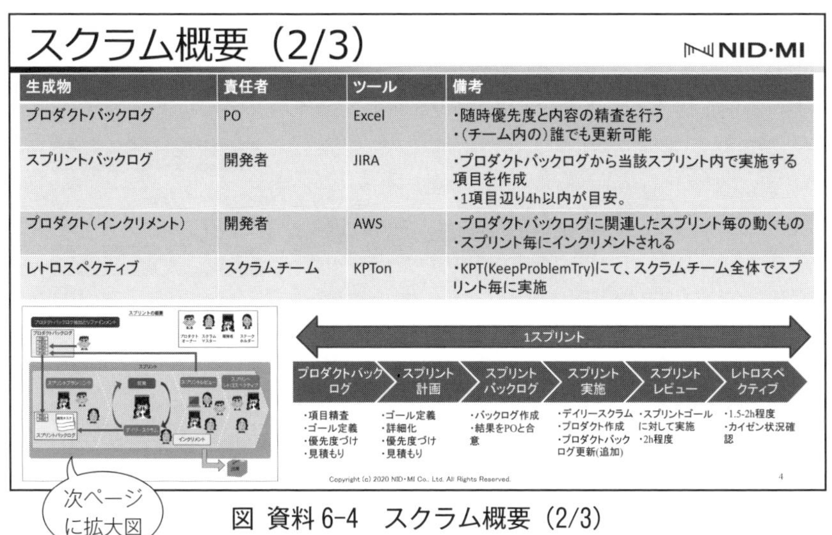

生成物	責任者	ツール	備考
プロダクトバックログ	PO	Excel	・随時優先度と内容の精査を行う ・（チーム内の）誰でも更新可能
スプリントバックログ	開発者	JIRA	・プロダクトバックログから当該スプリント内で実施する項目を作成 ・1項目辺り4h以内が目安。
プロダクト（インクリメント）	開発者	AWS	・プロダクトバックログに関連したスプリント毎の動くもの ・スプリント毎にインクリメントされる
レトロスペクティブ	スクラムチーム	KPTon	・KPT(KeepProblemTry)にて、スクラムチーム全体でスプリント毎に実施

図 資料 6-4　スクラム概要（2/3）

第3部　各種資料

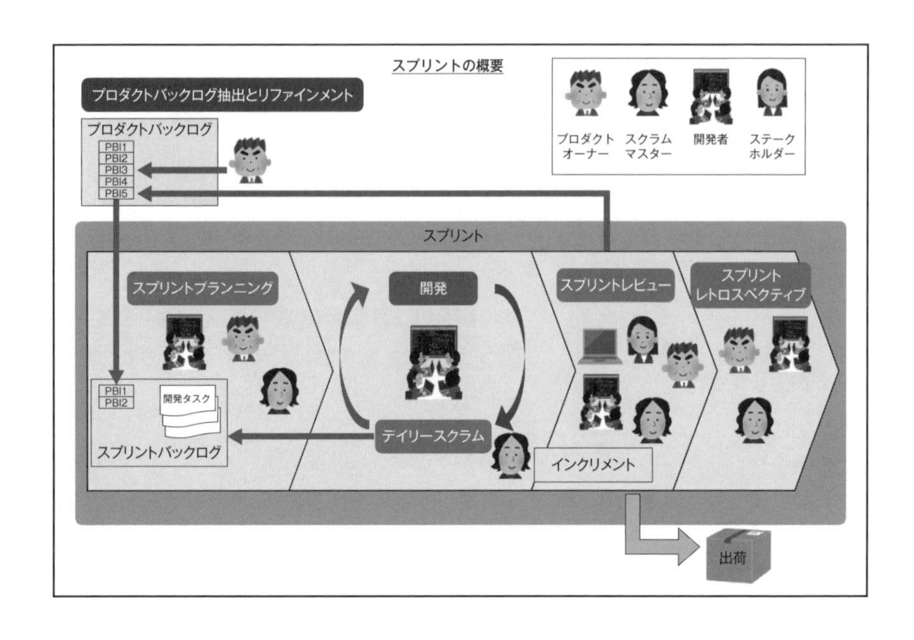

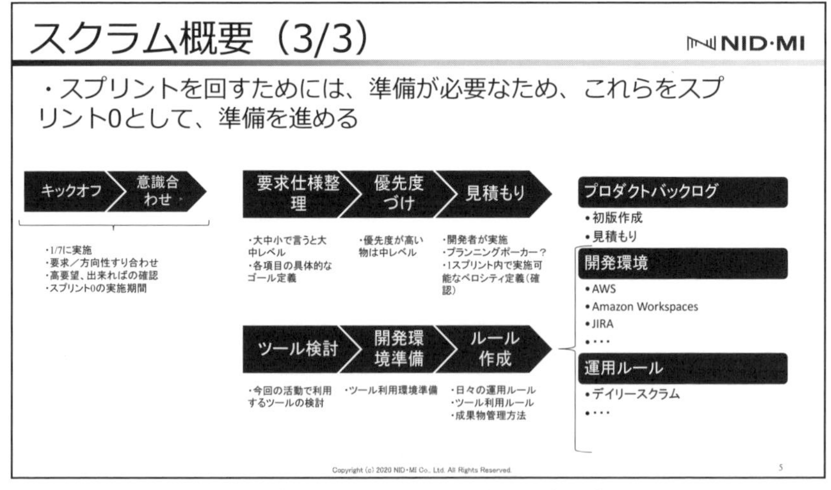

図 資料6-4　スクラム概要（3/3）

3　インセプションデッキ

当プロジェクトにてインセプションデッキを作成しました（インセプションデッキの作り方は資料1参照）。その際、資料1に記載の10個の項目すべてについて設定するのではなく、その中のこのプロジェクトで重要とした4つだけを選択して共有しました。

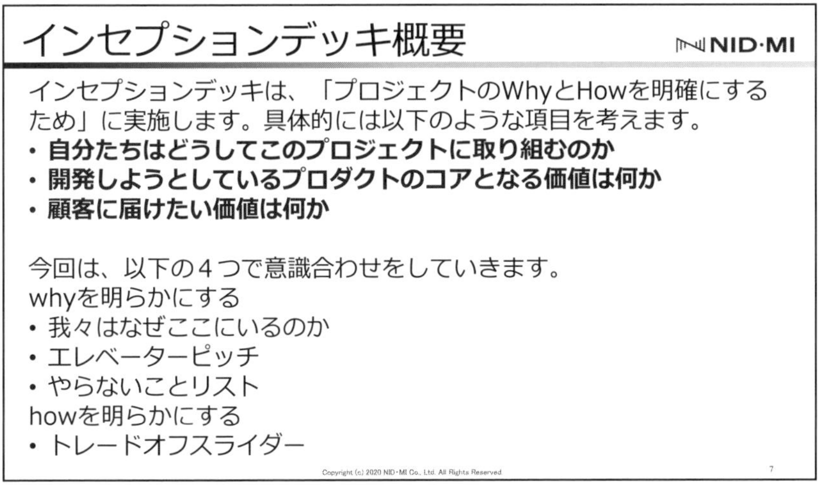

インセプションデッキ概要　NID·MI

インセプションデッキは、「プロジェクトのWhyとHowを明確にするため」に実施します。具体的には以下のような項目を考えます。
- **自分たちはどうしてこのプロジェクトに取り組むのか**
- **開発しようとしているプロダクトのコアとなる価値は何か**
- **顧客に届けたい価値は何か**

今回は、以下の４つで意識合わせをしていきます。
whyを明らかにする
- 我々はなぜここにいるのか
- エレベーターピッチ
- やらないことリスト

howを明らかにする
- トレードオフスライダー

Copyright (c) 2020 NID-MI Co., Ltd. All Rights Reserved.
7

図 資料6-5　インセプションデッキ概要

我々はなぜここにいるのか

NID·MI

- 人と人をオンラインで結ぶサービスを創りたい
- コンテンツ管理配信ビジネスの関連技術を社内に蓄積する
- スクラムやAWSを利用した開発技術を他案件へ展開する

ＮＩＤ・ＭＩの事業基盤拡大を図る

Copyright (c) 2020 NID・MI Co., Ltd. All Rights Reserved.

8

図 資料6-6 「我々はなぜここにいるのか」

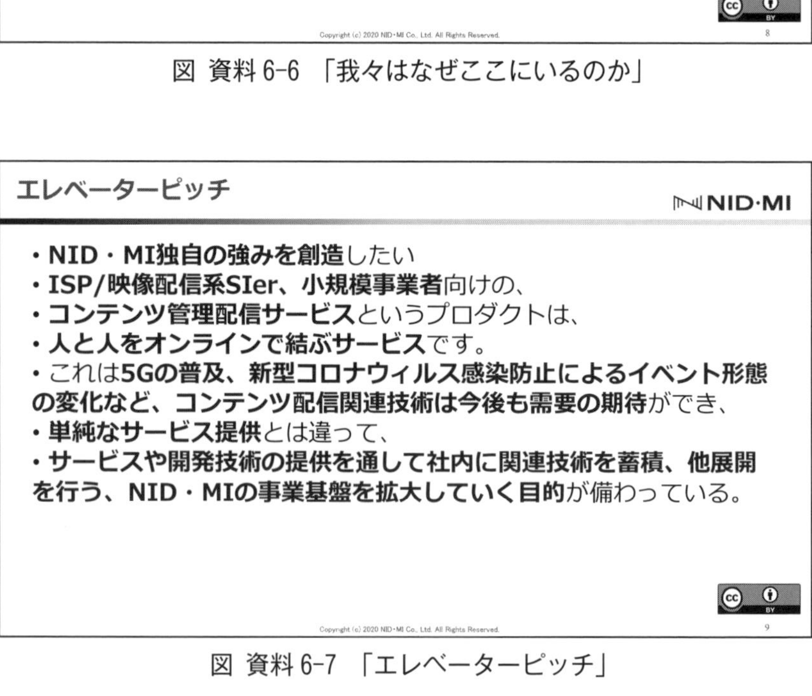

図 資料6-7 「エレベーターピッチ」

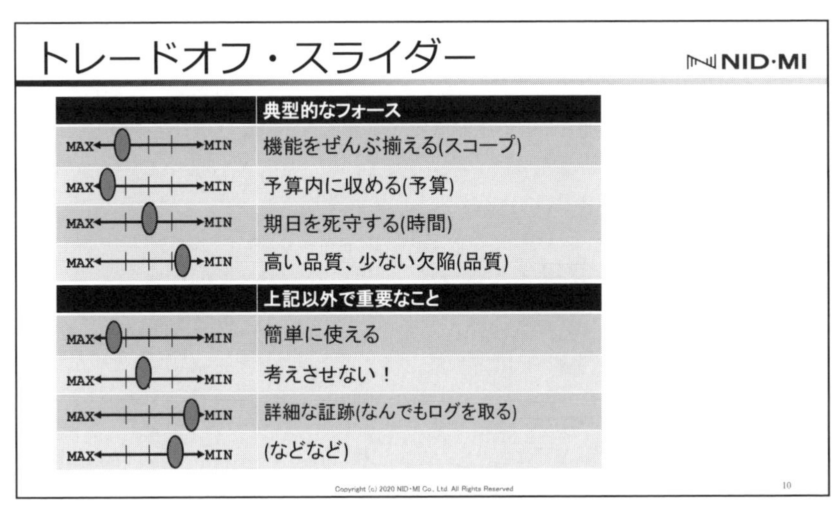

図 資料 6-8 「トレードオフ・スライダー」

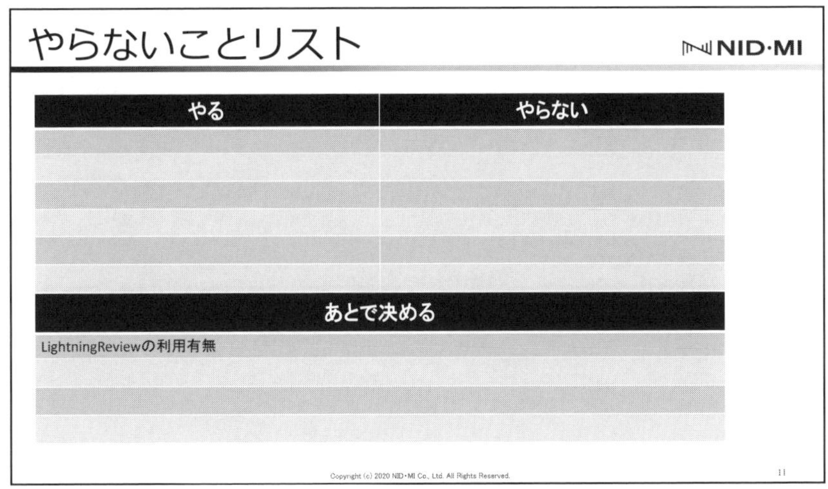

図 資料 6-9 「やらないことリスト」

第3部 各種資料

このやらないことリストは結局、「あとで決める」に記載している1項目のみでした。無理に使用しなくても良いということだと思います。スクラムマスターの話によると、作成する際に思い浮かばなかったので後日追加しようということになったものの、結局追加しなかったという話です。このようなことも実際の現場ならではの事実だと思います。

4　プロダクトバックログ

まずはプロダクトバックログの考え方を共有するために説明会向けの資料を作成しました。それが図 資料6-10、6-11です。

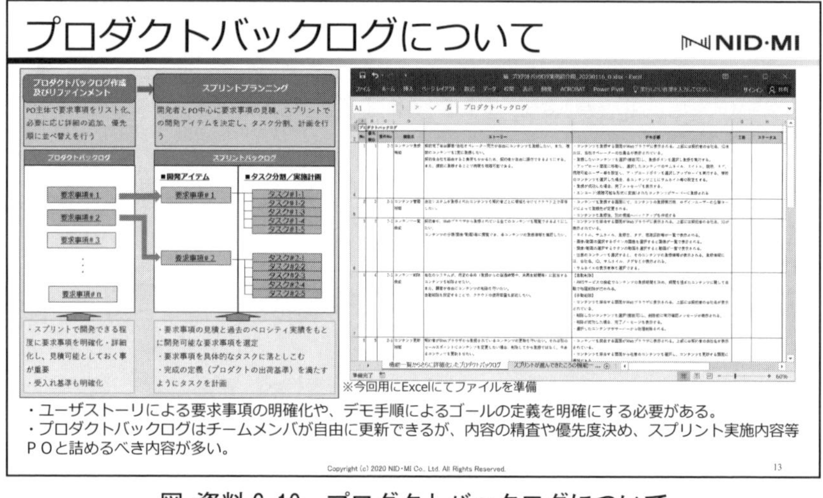

図 資料6-10　プロダクトバックログについて

プロダクトバックログで決めたいこと

NID·MI

・プロダクトバックログ管理やスクラム活動について、以下の事を決定したい。

#	決めたいこと	決定事項
1	プロダクトバックログの管理場所について ※Amazon Workspacesを利用している環境でも確認、更新できる場所。 ※ファイルサーバが利用できない場合、排他等のルール検討も別途必要。	ファイルサーバで管理 ※山本用意、申請する
2	プロダクトバックログ作成については、チーム全体でベースを検討し、早川さん(PO)と相談する進め方になりますでしょうか？ ※実施の優先順位決定は早川さんでよろしいでしょうか。	OK
3	早川さん(PO)との調整、相談するインタフェース ※Teamsでしょうか。	Teamsで。
4	当プロジェクトに求める成果物について、プロダクトの他に、ノウハウ記録のドキュメント等が必要など、要望はありますでしょうか？	プロダクトの結果に至ったプロセス(検討経緯)は見たい。
5	初回スプリントの開始、終了日はいつ頃を想定して行きますか？	
6	スプリントレビューの実施時期、方法はどのように設定しますか？ ※方法はTeamsでしょうか。	毎月第二、四金曜日のAMとする。

Copyright (c) 2020 NID·MI Co., Ltd. All Rights Reserved.

14

図 資料 6-11　プロダクトバックログで決めたいこと

プロダクトの要求仕様として以下の図 資料 6-12、6-13 にまとめています。

図 資料 6-12　プロダクト要求仕様（プロダクトバックログ）

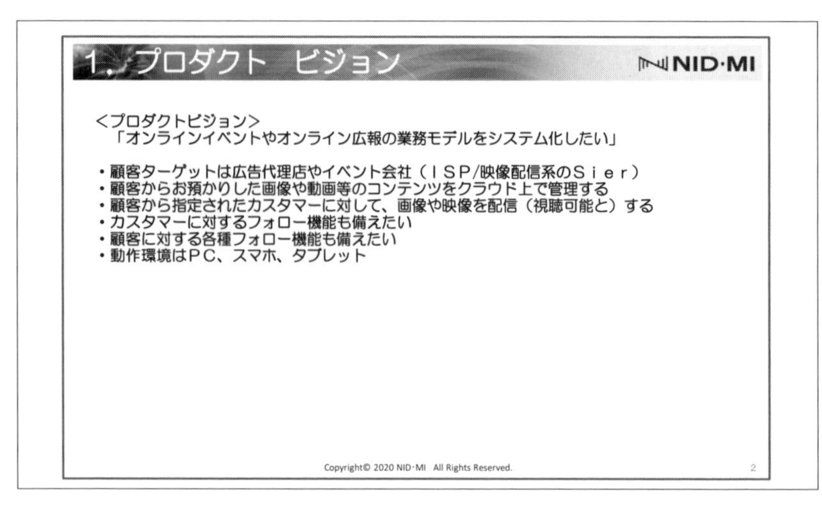

図 資料6-13　プロダクト要求仕様（プロダクトビジョン）

プロダクトオーナーからの要望としてあがった項目は図 資料6-14の通りでした。

ここからプロダクトバックログに詳細化していきます。要望は最終的には12項目まで追加されました。

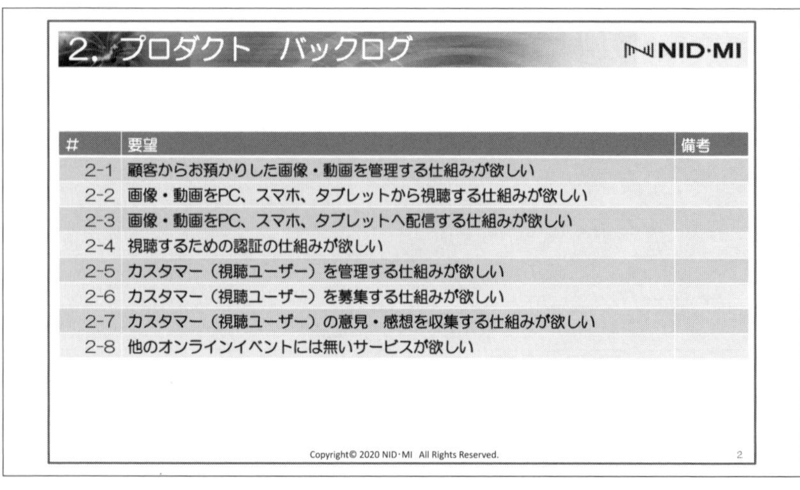

#	要望	備考
2-1	顧客からお預かりした画像・動画を管理する仕組みが欲しい	
2-2	画像・動画をPC、スマホ、タブレットから視聴する仕組みが欲しい	
2-3	画像・動画をPC、スマホ、タブレットへ配信する仕組みが欲しい	
2-4	視聴するための認証の仕組みが欲しい	
2-5	カスタマー（視聴ユーザー）を管理する仕組みが欲しい	
2-6	カスタマー（視聴ユーザー）を募集する仕組みが欲しい	
2-7	カスタマー（視聴ユーザー）の意見・感想を収集する仕組みが欲しい	
2-8	他のオンラインイベントには無いサービスが欲しい	

図 資料6-14　詳細化されたプロダクトバックログ(最終的には12項目となる)

この要望からさらに詳細化した機能は、Excelのシートにして図 資料6-15のように表現しています。

最初のスプリントなので優先順位の低い要望についてはまだ詳細化されていません。スプリントが継続して繰り返されるにつれてバックログが詳細化されていきます。図 資料6-15の例は最初のスプリントでの機能一覧です。

No	要望	優先順位		
		大 （必須となる機能）	中 （最低限欲しい機能）	小 （あると便利な機能）
2-1	顧客からお預かりした画像・動画を管理する仕組みが欲しい	・コンテンツ登録機能	・コンテンツ管理機能 ・コンテンツ一覧機能 ・コンテンツ削除機能 ・コンテンツ更新機能	・コンテンツのアクセスログ管理機能 ・コンテンツ公開制限機能 ・保存容量表示機能
2-2	画像・動画をPC、スマホ、タブレットから視聴する仕組みが欲しい	・視聴機能 ・マルチデバイス対応	・クロスブラウザ対応 ・検索機能 ・視聴履歴機能 ・関連コンテンツ表示機能 ・ビットレート変更機能 ・解像度変更機能 ・レスポンスの向上	・安定再生機能 ・倍速再生機能 ・ショートカット機能 ・wifi接続確認機能 ・途中保存機能 ・お気に入り機能 ・試聴機能 ・おすすめ機能 ・ビュー追加機能 ・表示切替機能 ・オフライン再生機能 ・自動字幕機能 ・手順説明機能 ・メモ機能
2-3	画像・動画をPC、スマホ、タブレットへ配信する仕組みが欲しい			
2-4	視聴するための認証の仕組みが欲しい			
2-5	カスタマー（視聴ユーザー）を管理する仕組みが欲しい			
2-6	カスタマー（視聴ユーザー）を募集する仕組みが欲しい			
2-7	カスタマー（視聴ユーザー）の意見・感想を収集する仕組みが欲しい	・Good機能		・コメント機能
2-8	他のオンラインイベントには無いサービスが欲しい			
2-9	契約者を管理する仕組みが欲しい	・顧客管理機能		
2-10	契約者の意見・感想を収集する仕組みが欲しい	・視聴分析機能		
2-11	画像・動画の不正利用を防ぐ仕組みが欲しい	・不正コピー防止機能		
2-12	画像・動画の不適切なコンテンツの登録を防ぐ仕組みが欲しい	・画像/動画のチェック機能		

図 資料6-15　機能を詳細化したExcelシート

図 資料6-16は、機能一覧からさらに詳細化したプロダクトバックログです。要望からかなり詳細化されました、これでプログラムをイメージできるところまで落ちました。

ちなみにスプリントが進んでくると機能一覧もさらに進んできます（図 資料6-17）。

同様にプロダクトバックログも項目がどんどん増えてきます。

これがインプットとなり、スプリント計画時に展開され、見積もられて当該のスプリントが計画されます。

プロダクトバックログ

No	優先順位	要件No	機能名	ストーリー	デモ手順	工数	ステータス
1	1	2-1	コンテンツ登録機能	契約完了後は顧客/当社オペレーター両方が自由にコンテンツを登録したい。また、複数のコンテンツを1度に登録したい。 契約後当社を経由すると負荷もかかるため、契約者が自由に操作できるようにする。 また、複数に登録することで時間を短縮可能である。	・コンテンツを登録する画面がWebブラウザに表示される。上部には契約者の会社名、IDまたは、当社オペレーターの社員名が表示されている。 ・登録したいコンテンツを選択(複数可)し、登録ボタンを選択し登録を実行する。 ・アップロード画面に移動し、選択したコンテンツのサムネイル、タイトル、説明、タグ、視聴可能ユーザー等を設定し、アップロードボタンを選択しアップロードを実行する。複数のコンテンツを選択した場合、各コンテンツごとにサムネイル等の設定をする。 ・登録が成功した場合、完了メッセージを表示する。 ・エンコード(視聴可能な形式に変換)されたコンテンツがサーバーに登録される		
2	2	2-1	コンテンツ管理機能	当社システムが登録されたコンテンツを契約者ごとに領域を分けてクラウド上で保存したい。	・コンテンツを登録する画面にて、コンテンツの登録実行時、ログインユーザーの企業コードによって登録先が変更される。 ・コンテンツを登録後、別の領域へバックアップを作成する		
3	3	2-1	コンテンツ一覧機能	契約者が、Webブラウザから登録されている全てのコンテンツを閲覧できるようにしたい。 コンテンツの分類(画像/動画)毎に閲覧でき、各コンテンツの登録情報を確認したい。	・コンテンツを照会する画面がWebブラウザに表示される。上部には契約者の会社名、IDが表示されている。 ・タイトル、サムネイル、登録日、タグ、視聴回数等が一覧で表示される。 ・画像/動画の選択するボタンの画像を選択すると画像が一覧で表示される。 ・画像/動画の選択するボタンの動画を選択すると動画が一覧で表示される。 ・任意のコンテンツを選択すると、そのコンテンツの登録情報が表示される。登録情報には、会社名、ID、サムネイル、タグなどが表示される。 ・サムネイルの表示有無を選択できる。		
4	4	2-1	コンテンツ削除機能	当社のシステムが、特定の条件（登録からの経過時間や、未再生期間等）に該当するコンテンツを削除させたい。 また、顧客が自由にコンテンツの削除を行いたい。 自動削除を設定することで、クラウドの使用容量を節約したい。	【自動削除】 ・AWSサービスの機能でコンテンツの登録期間を決め、期間を過ぎたコンテンツに関して自動で物理削除が行われる。 【手動削除】 ・コンテンツを照会する画面がWebブラウザに表示される。上部には契約者の会社名が表示されている。 ・削除したいコンテンツを選択(複数可)し、削除前に実行確認メッセージが表示される。 ・削除が成功した場合、完了メッセージを表示する。 ・選択したコンテンツがサーバーから物理削除される。		
5	5	2-1	コンテンツ更新機能	契約者がWebブラウザから登録されているコンテンツの更新を行いたい。それは別のセールスポイントにコンテンツを変更したい場合、削除してから登録ではなく、今あるコンテンツを更新させたい。	・コンテンツを照会する画面がWebブラウザに表示される。上部には契約者の会社名が表示されている。 ・コンテンツを照会する画面から任意のコンテンツを選択し、コンテンツを更新する画面に遷移できる。 ・コンテンツファイル、コンテンツのサムネイル、タイトル、説明、タグ等を変更し、内容をシステムがチェックし、不備があればメッセージを表示し修正を促す。 ・更新が成功した場合、完了メッセージを表示する。 ・入力された内容がサーバーに更新される。		
6	6	2-1	コンテンツ公開制限機能	契約者が、コンテンツの公開期間を設定できるようにしたい。 期間限定配信を行いたいため。	・コンテンツを照会する画面がWebブラウザに表示される。 ・コンテンツの公開/非公開、公開期間を設定できる。 ・非公開または公開期間外の場合、コンテンツを検索する画面にコンテンツが表示されない。		
7	1	2-2	視聴機能	コンテンツ視聴者が、登録されている画像・動画を視聴できるようにしたい。 ブラウザで視聴可とし、ツールのインストール等は不要にしたい。	・コンテンツを検索する画面がWebブラウザに表示される。 ・タイトル、サムネイル、登録日、タグ、視聴回数が一覧で表示される。 ・視聴したいコンテンツを選択すると、コンテンツを視聴する画面が別タブで表示されコンテンツが表示/再生される。 （or 視聴したいコンテンツを選択すると、コンテンツを視聴する画面がポップアップ表示されコンテンツが表示/再生される。） ・コンテンツを視聴する画面にて、動画をオンデマンド再生できる。		
8	2	2-2	マルチデバイス対応	コンテンツをPC/スマホ/タブレットから視聴したい	・異なるデバイスでも、同じコンテンツを視聴したり更新したりできる。 ・画像/動画を登録後、接続デバイスに合わせてサイズ、解像度、形式で動画を変換する		
9	3	2-2	クロスブラウザ対応	契約者、コンテンツ視聴者が、複数のブラウザでサービスを使用できるようにしたい。	・Chrome、Edge、Safariにて、コンテンツ登録/更新/削除、視聴が行える。		
10	4	2-2	検索機能	コンテンツ視聴者がコンテンツを選択する際に、企業名、ワードを入力して検索できるようにしたい。 事前に取引したい企業、ワードが決まっている場合、コンテンツ一覧から探すのは手間になるからである。	・コンテンツを検索する画面がWebブラウザに表示される。画面内に検索ボックス、並び順変更ボタン、音声検索ボタンが表示されている。 ・検索ボックスに企業名、タグ名を入力。入力したワードと一致するコンテンツが表示される。 ・並び順変更ボタンを選択すると、業種、画像、動画、視聴回数、動画の長さが表示され、任意(複数可)を選択する。選択した並び順でコンテンツが表示される。 ・音声検索ボタンを選択すると、コンテンツ視聴者の声で検索ボックスに文字が入力される。声により入力されたワードと一致するコンテンツが表示される。 ・音声検索ボタンを選択し、企業のCMの歌を歌い文字を入力される。歌により検索された企業が表示される		
11	5	2-2	視聴履歴機能	コンテンツ視聴者が、過去に視聴したコンテンツを表示させたい。	・視聴履歴を照会する画面がWebブラウザ上に表示される。 ・過去に視聴したコンテンツが一覧で表示されている。 ・履歴のコンテンツを選択すると、コンテンツを視聴する画面が表示されコンテンツが表示/再生される。		
12	6	2-2	関連コンテンツ表示機能	コンテンツ視聴者がコンテンツを視聴する際、関連コンテンツを表示させたい。 関連コンテンツが表示されることで、視聴したい顧客が次のコンテンツを検索する手間が省ける	・コンテンツを視聴する画面がWebブラウザに表示される。 ・コンテンツを視聴する画面に、関連コンテンツが表示されている。 ・視聴したいコンテンツを選択すると、コンテンツを視聴する画面が表示されコンテンツが表示/再生される。		
13	7	2-2	ビットレート変更機能	高い品質のコンテンツを視聴したい。 通信環境に合わせて、最適なビットレートを選択したい	・視聴端末の通信速度により、画質が変更される。 ・コンテンツを視聴する画面にて、動画のビットレートが選択できる。 ・視聴者が帯域幅に応じて変更できる。		
14	8	2-2	解像度変更機能	コンテンツ視聴者が動画再生時に自由に解像度選択できるようにしたい。 解像度を低くして、快適に動画を再生したい場合や、解像度を高くして動画を鮮明に見たいからである。	・コンテンツを視聴する画面がWebブラウザに表示される。 ・解像度を低に変更すると、選択した解像度で動画が再生される。 ・解像度を高に変更すると、選択した解像度で動画が再生される。		
15	9	2-2	レスポンスの向上	要求してからデータが送られてくるまでの時間を短くしたい。	・キャッシュを利用することで、リクエスト回数を減らし、低レイテンシー化ができる。		
16	10	2-2	安定再生機能	AWSの一部サーバーが落ちしたときでも、コンテンツの視聴がしたい	・サービスを冗長化しておくことで、ある場所でサーバー落ちしてもそのままコンテンツの視聴ができる。		

図 資料6-16　機能一覧からさらに詳細化したプロダクトバックログ(1/2)

17	11	2-2	倍速再生機能	コンテンツ視聴者が、動画再生時に再生速度を選択できるようにしたい。	・コンテンツを視聴する画面がWebブラウザに表示される。 ・動画の再生速度が選択できる。 ・選択した再生速度で動画が再生できる。		
18	12	2-2	ショートカット機能	再生/停止などの操作をカーソルを合わせずに操作したい	・コンテンツを視聴する画面がWebブラウザに表示される。 ・ブラウザ特有のショートカットキーでコンテンツの再生を操作できる。		
19	13	2-2	wifi接続確認機能	コンテンツ視聴者が、wifi未接続の場合は動画再生前に警告を出してほしい。（スマートフォン、タブレットの場合のみ）	・スマートフォン/タブレットにて動画再生を行う際、wifiに接続されていない場合は、再生を実行してよいか確認メッセージを表示する。		
20	14	2-2	途中保存機能	コンテンツ視聴者が時間の都合等で途中で終了しないといけない場合、もう一度同じコンテンツにアクセスした際、視聴したところから再開できるようにしたい。	・コンテンツが視聴されたタイミングでコンテンツ視聴者の情報を保存する。 ・表示/再生が完了する前にコンテンツを視聴する画面が閉じられた場合、コンテンツ視聴者の情報と、コンテンツの経過時間を保存する。 ・再度同じコンテンツにアクセスした際、視聴したところからコンテンツを視聴する画面にて、表示/再生される。		
21	15	2-2	お気に入り機能	コンテンツ視聴者がお気に入りに入れたコンテンツをまとめて表示させたい。 取引したい企業が複数存在する場合、容易にコンテンツを探すことができる。	・お気に入りコンテンツを表示する画面がWebブラウザに表示される。 ・表示されているコンテンツを選択すると、コンテンツを視聴する画面が表示されコンテンツが表示/再生される。 ・コンテンツを検索する画面または視聴する画面にて、お気に入り登録ができる。		
22	16	2-2	試聴機能	コンテンツ視聴者が、サムネイルの時点で動画の内容が確認できるようにしたい。 視聴機能により、ユーザーの視聴を誘引したい。	・コンテンツを検索する画面がWebブラウザに表示される。 ・サムネイルにカーソルを合わせると、サムネイル上で映像が再生される。 （or ディスプレイに表示されてから一定時間が立つと、サムネイル上で映像が再生される。）		
23	17	2-2	おすすめ機能	コンテンツ視聴者がシステムにアクセスした際、おすすめコンテンツを表示させたい。 投稿日時が新しい動画や、視聴回数が多い動画をおすすめ欄に表示し、 コンテンツの閲覧を誘引したい。	・コンテンツを検索する画面がWebブラウザに表示される。 ・おすすめ欄に投稿日時が新しいコンテンツや視聴回数が多いコンテンツが表示される。 ・おすすめ欄のコンテンツを選択するとコンテンツを視聴する画面が表示され、コンテンツが表示/再生される。		
24	18	2-2	ビュー追加機能	コンテンツ視聴者がコンテンツを視聴する際、動画だけでなく同時に顧客のHPなど、顧客情報が見れるようにしたい。 動画再生と同時に顧客情報が簡単に入手できる。	・コンテンツを視聴する画面がWebブラウザに表示される。画面内に画面カスタムボタンが表示されている。 ・画面カスタムボタンを選択すると、「コンテンツのみ」、「コンテンツとコンテンツ登録者に関する情報(HPリンク等)」が表示されている。 ・「コンテンツとコンテンツを登録者に関する情報(HPリンク等)」を選択すると一画面にコンテンツの表示/再生とHPが表示される。		
25	19	2-2	表示切替機能	コンテンツ視聴者が、PC版、スマホ・タブレット版の表示ページを選べるようにしたい。	・スマホ・タブレット版でWebブラウザに表示したとき、PC版ページ表示を選択すると、PC版のWebブラウザを表示される。		
26	20	2-2	オフライン再生機能	コンテンツ視聴者が、コンテンツをダウンロードすることでオフライン再生をしたい。	・コンテンツを検索する画面がWebブラウザに表示される。 ・一覧から、コンテンツ視聴者の端末に動画がダウンロードできる。 ・ダウンロードした動画は、契約者が設定した期間で再生不可となる。		
27	21	2-2	自動字幕機能	コンテンツ視聴者が、動画再生時に字幕を使用できるようにしたい。 字幕は、自動字幕と事前に設定された字幕を選べるようにしたい。	・コンテンツを視聴する画面がWebブラウザに表示される。 ・自動字幕、事前に設定された字幕、字幕なしが選択できる。 ・自動字幕を選択すると、自動で設定された字幕が表示される。 ・事前に設定された字幕を選択すると、設定された字幕が表示される。		
28	22	2-2	手順説明機能	コンテンツ視聴者がコンテンツの操作方法が知りたい。 便利な機能を知ることができる。	・画面ごとの操作を確認することができる。		
29	23	2-2	メモ機能	コンテンツ視聴者が動画再生時にメモを残せるようにしたい。 コンテンツを見返すときの参考になるから。	・コンテンツを視聴する画面がWebブラウザに表示される。 ・コンテンツ再生中にメモ機能を表示させ、メモを入力できる。 ・メモを入力した再生時間のときに、以前に入力したメモが表示される。		
30	1	2-9	顧客管理機能	当社システムが顧客と契約したタイミングでIDとパスワードを発行し、契約者が自由にコンテンツの登録をできるようにしたい。 また、契約者情報の保存を行いたい。	・契約情報を入力する画面がWebブラウザに表示される。 ・Eメールアドレス、パスワード、担当者の氏名、会社名、電話番号、住所、クレジットカード情報を入力し、内容をシステムがチェックし、不備があればメッセージを表示修正を促す。 ・入力した契約情報は同じ画面に表示されて、戻るボタンで修正ができる。 ・SMSまたは日本語自動音声電話によるアカウント認証を行い、検証コードを入力し、本人確認をする。 ・契約が完了されるとIDとパスワードが発行され、画面に表示される。		
31	1	2-9	顧客管理機能	当社システムが顧客と契約したタイミングでIDとパスワードを発行し、契約者が自由にコンテンツの登録をできるようにしたい。 また、契約者情報の保存を行いたい。	【契約ユーザー認証】 ・ログイン画面がWebブラウザに表示される。 ・企業コード、ユーザーID、パスワードを入力し、内容をシステムがチェックし、不備があればメッセージを表示し修正を促す。 ・ログインが完了した場合、コンテンツ登録画面に遷移する。 【契約者情報管理】 ・AWSのコンソールにて、企業情報（企業名、住所、電話番号、企業コード等）を登録する。 ・AWSのコンソールにて、ユーザー情報（企業コード、ユーザーID、パスワード）を登録する。		
32	1	2-10	視聴分析機能	契約者が、コンテンツの視聴状況を確認できるようにしたい。 コンテンツ毎に、再生回数やコンテンツ視聴者の年齢、性別を確認したい。	・コンテンツ視聴分析を照会する画面がWebブラウザに表示される。 ・登録したコンテンツごとに、再生回数、コンテンツ視聴者の年齢、性別、最も再生されている部分が表示される。		
33	1	2-11	不正コピー防止機能	コンテンツ視聴者による、コンテンツの不正コピーを防止したい。 登録されているコンテンツのダウンロードを行わせない。	・コンテンツに対し「右クリック→画像を保存」が行えない。 ・PrintScreenキーでの画面キャプチャが行えない ・動画再生画面のURLは、視聴権限があるユーザーしかアクセスできない。		
34	1	2-12	画像/動画のチェック機能	不適切なコンテンツが登録されることを防止したい。	・コンテンツを登録する際、承認フローを必要とする。 ・個人の責任で登録するなど		
35	7	2-1	コンテンツのアクセスログ管理機能	コンテンツに対する操作やアクセスログ等の記録を保持する事で、契約者からのコンテンツに対する問合せに答えられるようにしたい。 特に不正操作や障害時の問合せに有効と考えられる。	・コンテンツの登録・更新・削除時に操作者や操作内容がわかるログが出力される。 ・ログは日時やコンテンツ名、契約者などでの絞り込みが可能とする。		
36	1	2-3	★未詳細化	画像・動画をPC、スマホ、タブレットへ配信する仕組みが欲しい			
37	1	2-4	★未詳細化	視聴するための認証の仕組みが欲しい			
38	1	2-5	★未詳細化	カスタマー（視聴ユーザー）を管理する仕組みが欲しい			
39	1	2-6	★未詳細化	カスタマー（視聴ユーザー）を募集する仕組みが欲しい			
40	1	2-7	★未詳細化	カスタマー（視聴ユーザー）の意見・感想を収集する仕組みが欲しい			
41	1	2-8	★未詳細化	他のオンラインイベントには無いサービスが欲しい			
42	8	2-1	保存容量表示機能	コンテンツを登録する画面やコンテンツを照会する画面で保存容量を確認できるようにしたい。	・コンテンツを登録する画面がWebブラウザに表示される。上部には契約者の会社名、IDまたは、当社オペレーターの社員名が表示されている。 ・画面に現在の保存容量と残りの保存容量が表示される。		

図 資料6-16 機能一覧からさらに詳細化したプロダクトバックログ(2/2)

プロダクトバックログに登場する機能一覧
※既に実装が完了している機能は、【実装済】をつけています。

No	要望	優先順位		
		高 （次スプリントで実装する機能）	中 （今年度実装する機能）	低 （来年度以降に実装する機能）
2-1	顧客からお預かりした画像・動画を管理する仕組みが欲しい	・コンテンツ登録機能【実装済】 ・エンコード機能【実装済】 ・コンテンツ管理機能【実装済】 ・コンテンツ一覧機能【実装済】		・コンテンツ自動削除機能 ・サムネイル作成機能 ・バックアップ機能 ・コンテンツ管理機能 ・コンテンツ抽出機能 ・コンテンツ手動削除機能 ・コンテンツ更新機能 ・コンテンツ公開制限機能 ・コンテンツのアクセスログ管理機能 ・保存容量表示機能 ・登録コンテンツリスト出力機能 ・イベント同時開催機能 ・イベント情報登録機能 ・イベント別コンテンツ登録機能
2-2	画像・動画をPC、スマホ、タブレットから視聴する仕組みが欲しい	・視聴機能【実装済】 ・視聴コンテンツ一覧表示機能【実装済】 ・検索機能【実装済】	・マルチデバイス対応【実装延期】	・クロスブラウザ対応 ・タグ、音声検索機能 ・並び順変更機能 ・視聴履歴機能 ・関連コンテンツ表示機能 ・ビットレート変更機能 ・解像度変更機能 ・レスポンスの向上 ・安定再生機能 ・倍速再生機能 ・ショートカット機能 ・wifi接続確認機能 ・途中保存機能 ・お気に入り機能 ・試聴機能 ・おすすめ機能 ・ビュー追加機能 ・表示切替機能 ・オフライン再生機能 ・自動字幕機能 ・手順説明機能 ・メモ機能 ・サイトマップ表示機能
2-3	画像・動画をPC、スマホ、タブレットへ配信する仕組みが欲しい		・新規コンテンツEメール通知機能 ・おすすめコンテンツEメール通知機能	・コンテンツ登録完了プッシュ通知機能 ・コンテンツ登録完了Eメール通知機能 ・新規コンテンツプッシュ通知機能 ・おすすめコンテンツプッシュ通知機能 ・広告挿入機能 ・PDF機能 ・新規コンテンツLine通知機能 ・おすすめコンテンツLine通知機能
2-4	視聴するための認証の仕組み	・ログイン機能		・認証確認機能
2-5	カスタマー（視聴ユーザー）を管理する仕組みが欲しい		・紹介ユーザー登録機能	・一般ユーザー登録機能 ・ユーザー変更機能 ・見込み顧客分析機能 ・ユーザー情報登録機能 ・ユーザー一覧機能
2-6	カスタマー（視聴ユーザー）を募集する仕組みが欲しい		・事前登録機能 ・QRコード作成機能	・一般ユーザーのカスタマー登録機能
2-7	カスタマー（視聴ユーザー）の意見・感想を収集する仕組みが欲しい			・Good機能 ・コメント機能
2-8	他のオンラインイベントには無いサービスが欲しい			
2-9	契約者を管理する仕組みが欲しい			・顧客管理機能
2-10	契約者の意見・感想を収集する仕組みが欲しい			・視聴分析機能
2-11	画像・動画の不正利用を防ぐ仕組みが欲しい			・不正コピー防止機能
2-12	画像・動画の不適切なコンテンツの登録を防ぐ仕組みが欲しい			・画像/動画のチェック機能

図 資料6-17　スプリントが進んできたころの機能一覧

5　スプリントバックログ

スプリントバックログはプロジェクト管理ツールのJIRAを使用して管理をしていました、プロダクトバックログの要求から詳細化したものをWBS化してJIRAに登録しました。実例としてプロダクトバックログの一つの要件からWBSにしたものを紹介します（図 資料6-18参照）。

図 資料6-18は一つの要件から機能に分割した例で、子課題として4つの機能に分割されています。

図 資料6-18　スプリントバックログ画面（JIRA）

さらに子課題の一つ「検索機能」を作成するにあたり実施するプロセスをサブタスクとして登録しWBS化しています（図 資料6-19参照）。

図 資料6-19　サブタスク例（JIRA）

図 資料6-20はサブタスクの内容で、担当者や作業見積りの時間など詳細な項目を記入しています。

図 資料6-20　サブタスクの内容例（JIRA）

これらのWBSをデイリースクラムにて確認してスプリントを進めていました。

6　デイリースクラム

図 資料 6-21 はデイリースクラムの運用ルールを定めツール上に掲載したものです。

具体的には Microsoft Teams（以下 Teams）にプロジェクトの「開発ルール」のタブを作成し、掲載する場所にしました。ここでは作成した開発ルールのデイリースクラムの部分について紹介します。

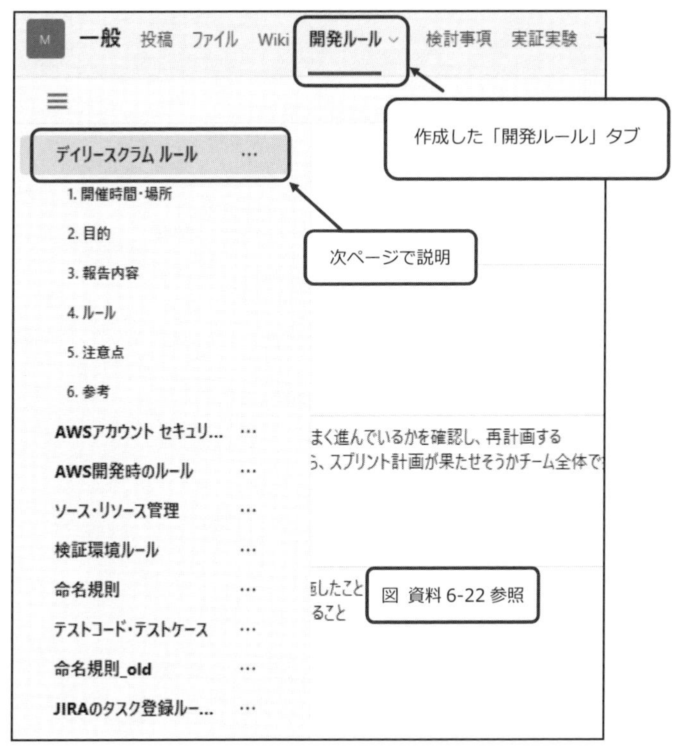

図 資料 6-21　デイリースクラムの運用ルール（Teams）

図 資料6-22は実際に掲載されたデイリースクラムの運用ルールのスクリーンショットです。主な開発場所が2ヵ所でしたのでTeamsを使ったオンライン会議をしました。

図 資料6-22　掲載されたデイリースクラムの運用ルール（Teams）

各担当はTeamsのチャットにルールに記載された報告内容に沿って実績を記入し、それをもとにミーティングに臨みました。

図 資料6-23は実際の開発者からのチャットです。

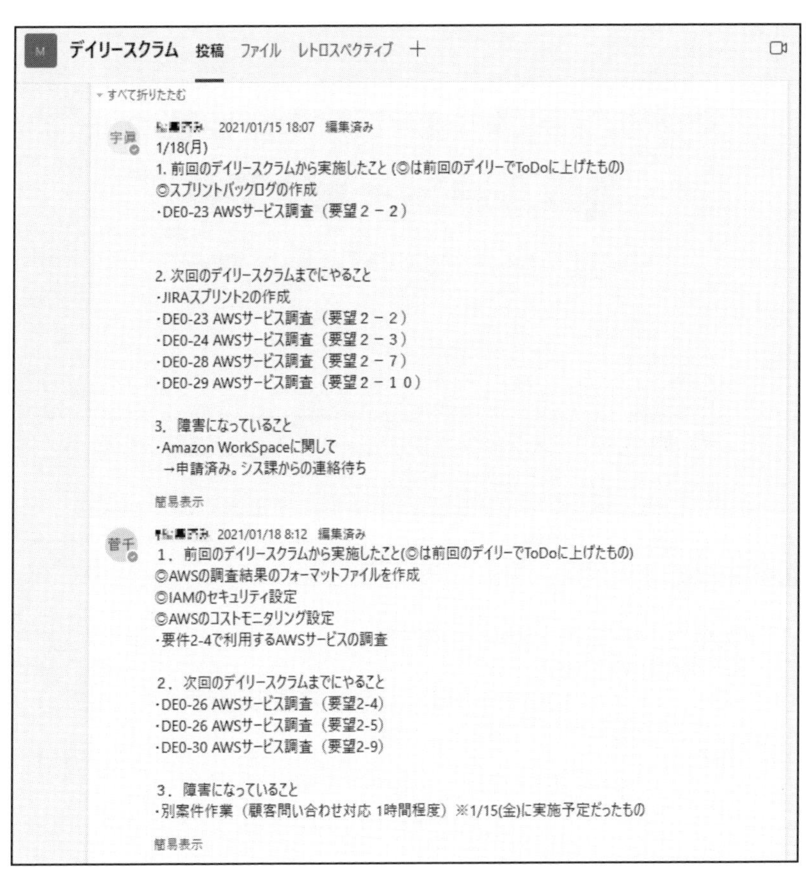

図 資料6-23 デイリースクラムのチャット（Teams）

7 スプリントレビュー

図 資料6-24から8図にわたってスプリントレビューのプレゼン資料を掲載します。内容は当該スプリントで実施した内容と結果、次回のスプリントで行う内容の確認が中心です。

図 資料6-24　スプリントレビューのプレゼン資料（1/8）

1. アジェンダ

NID·MI

1．スプリント３での開発内容について	１０分
2．開発結果のご報告	６０分
3．次スプリント（2/15-26）で行う内容の確認（PBIの優先順位確認）	１５分
4．その他	5分

※本日のゴール
1)開発結果の共有
2)プロダクトバックログの内容／優先度 承認
3)次スプリントで行う内容のすり合わせ

Copyright© 2021 NID·MI All Rights Reserved.
2

図 資料6-24　スプリントレビューのプレゼン資料（2/8）

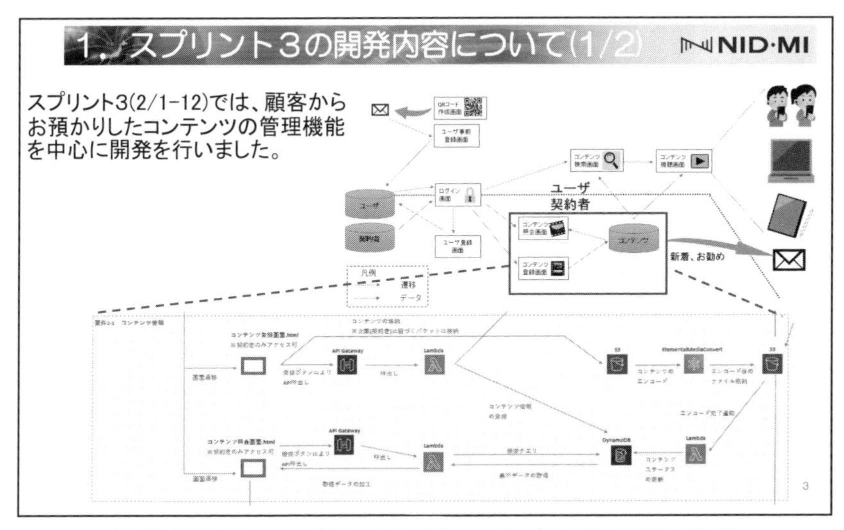

図 資料6-24　スプリントレビューのプレゼン資料（3/8）

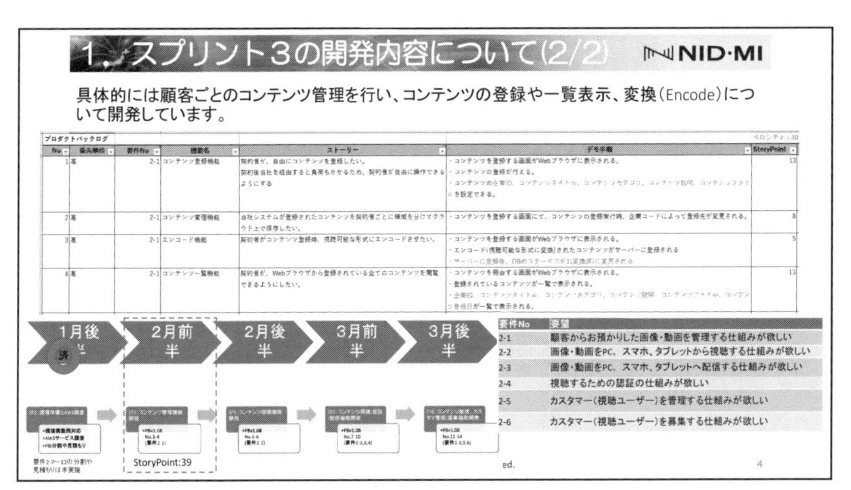

プロダクトバックログ

No	優先順位	要件No	機能名	ストーリー	デモ手順	StoryPoint
1	高	2-1	コンテンツ登録機能	契約者が、自由にコンテンツを登録したい。 契約後当社を経由すると負荷もかかるため、契約者が自由に操作できるようにする	・コンテンツを登録する画面がWebブラウザに表示される。 ・コンテンツの登録が行える。 ・コンテンツの企業ID、コンテンツタイトル、コンテンツカテゴリ、コンテンツ説明、コンテンツファイルを設定できる。	13
2	高	2-1	コンテンツ管理機能	当社システムが登録されたコンテンツを契約者ごとに領域を分けてクラウド上で保存したい。	・コンテンツを登録する画面にて、コンテンツの登録実行時、企業コードによって登録先が変更される。	8
3	高	2-1	エンコード機能	契約者がコンテンツ登録時、視聴可能な形式にエンコードさせたい。	・コンテンツを登録する画面がWebブラウザに表示される。 ・エンコード(視聴可能な形式に変換)されたコンテンツがサーバーに登録される ・サーバーに登録後、DBのステータスが1(変換済)に変更される	5
4	高	2-1	コンテンツ一覧機能	契約者が、Webブラウザから登録されている全てのコンテンツを閲覧できるようにしたい。	・コンテンツを照会する画面がWebブラウザに表示される。 ・登録されているコンテンツが一覧で表示される。 ・企業ID、コンテンツタイトル、コンテンツカテゴリ、コンテンツ説明、コンテンツファイル、コンテンツ登録日が一覧で表示される。	13

要件No	要望
2-1	顧客からお預かりした画像・動画を管理する仕組みが欲しい
2-2	画像・動画をPC、スマホ、タブレットから視聴する仕組みが欲しい
2-3	画像・動画をPC、スマホ、タブレットへ配信する仕組みが欲しい
2-4	視聴するための認証の仕組みが欲しい
2-5	カスタマー(視聴ユーザー)を管理する仕組みが欲しい
2-6	カスタマー(視聴ユーザー)を募集する仕組みが欲しい

図 資料6-24　スプリントレビューのプレゼン資料（4/8）

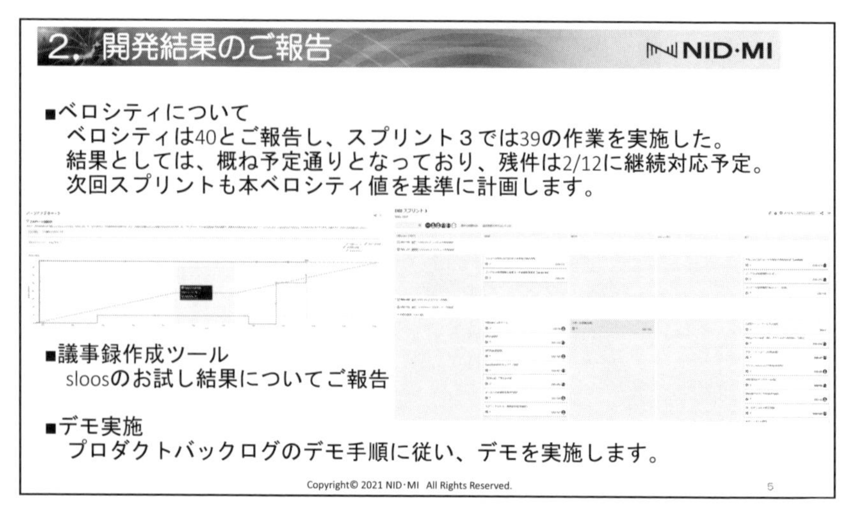

図 資料6-24　スプリントレビューのプレゼン資料（5/8）

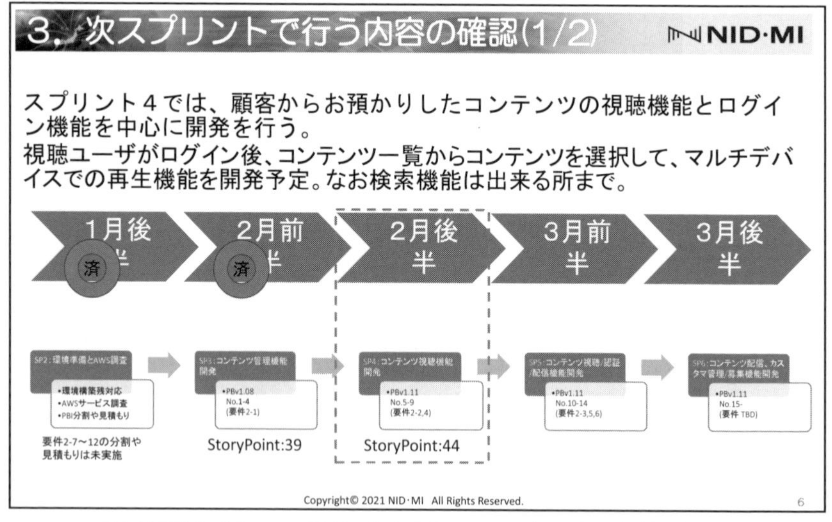

図 資料6-24　スプリントレビューのプレゼン資料（6/8）

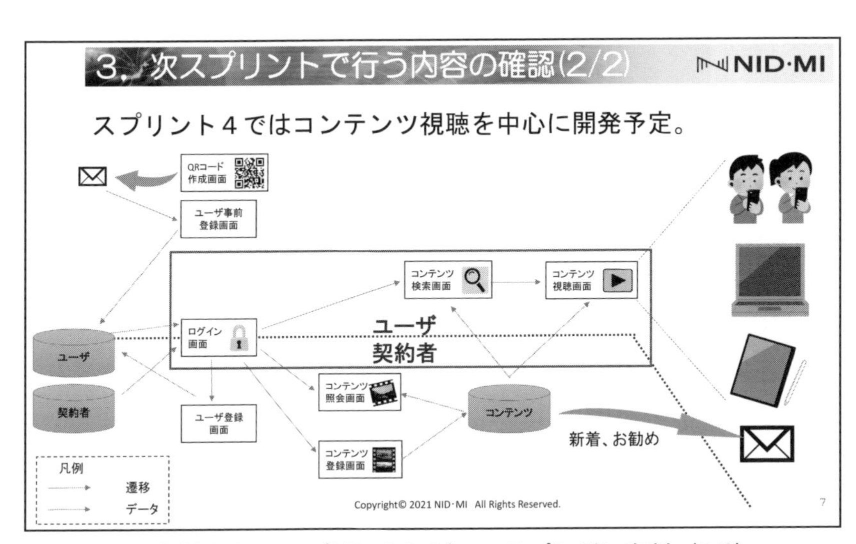

図 資料6-24 スプリントレビューのプレゼン資料（7/8）

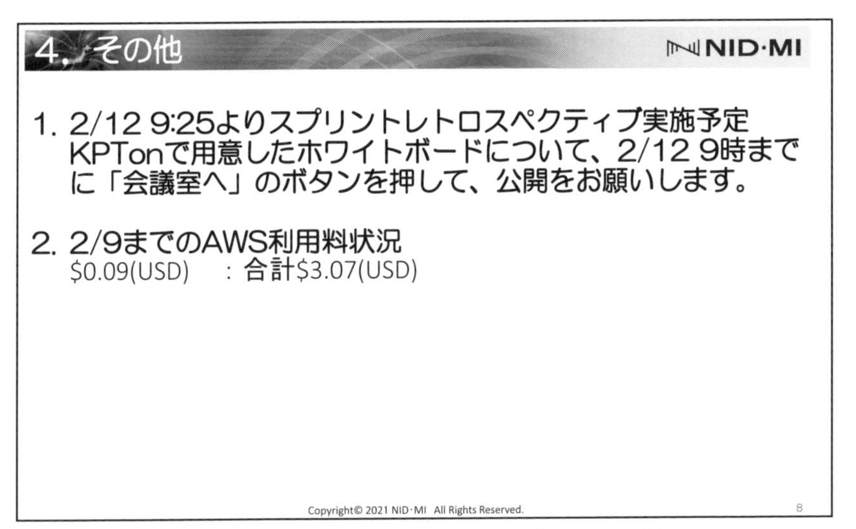

図 資料6-24 スプリントレビューのプレゼン資料（8/8）

第3部 各種資料

8　レトロスペクティブ

レトロスペクティブではふりかえりにKPTを用いており、オンラインツールのKPTonを使って実施しました。図資料6-25の例はスプリント3でのKPTです。

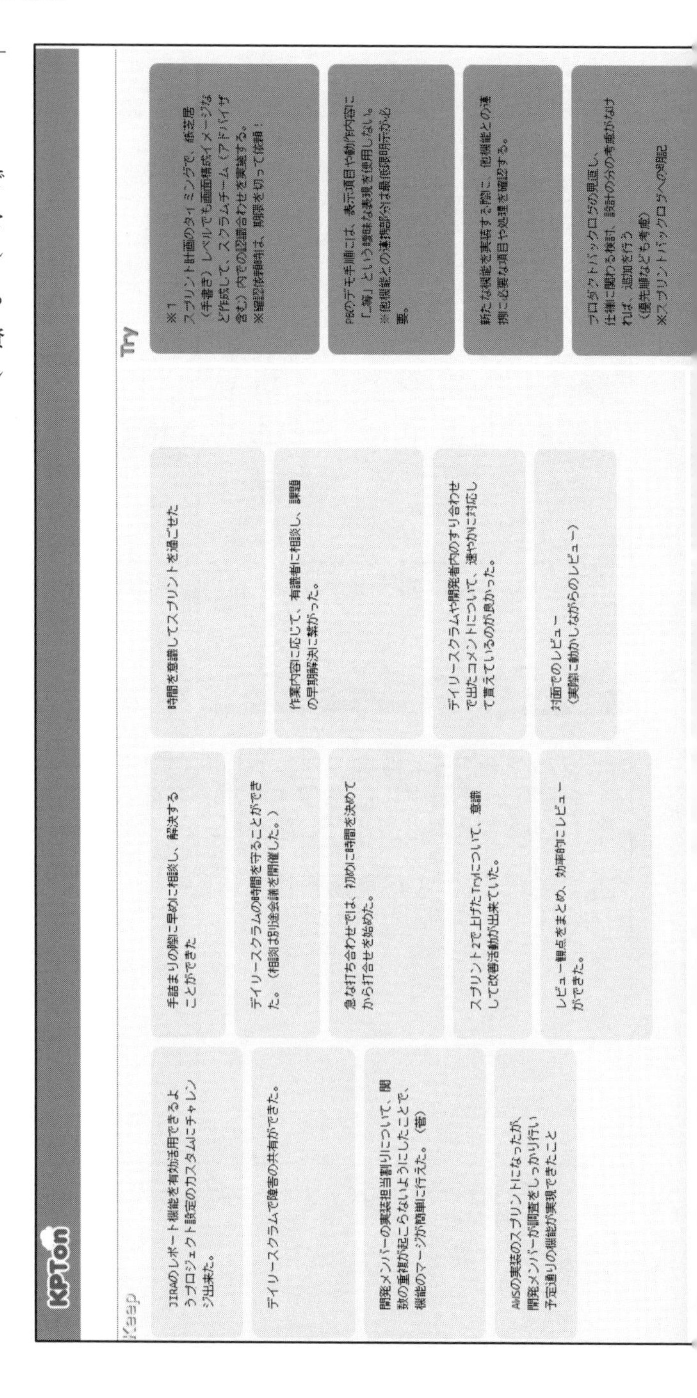

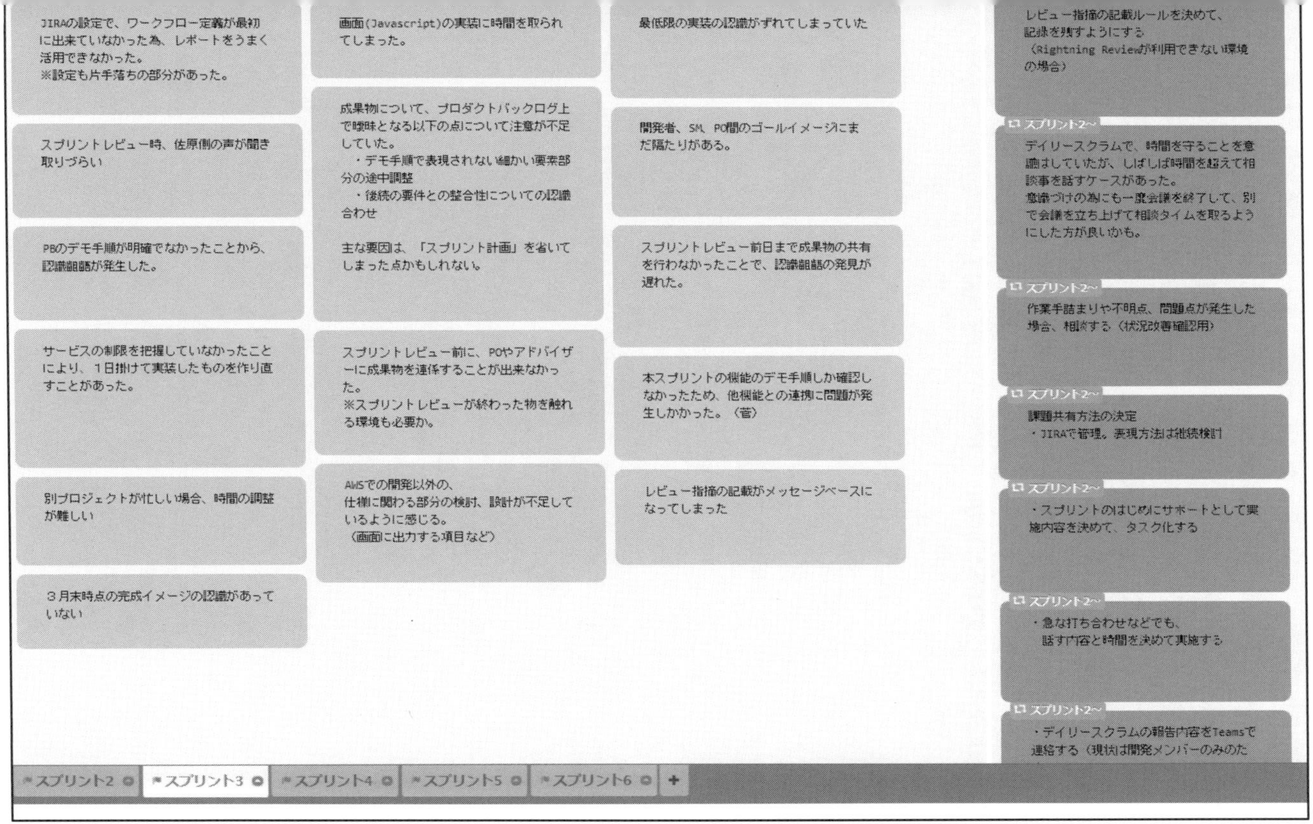

JIRAの設定で、ワークフロー定義が最初に出来ていなかった為、レポートをうまく活用できなかった。
※設定も片手落ちの部分があった。

スプリントレビュー時、佐原側の声が聞き取りづらい

PBのデモ手順が明確でなかったことから、認識齟齬が発生した。

サービスの制限を把握していなかったことにより、1日掛けて実装したものを作り直すことがあった。

別プロジェクトが忙しい場合、時間の調整が難しい

3月末時点の完成イメージの認識があっていない

画面(Javascript)の実装に時間を取られてしまった。

成果物について、プロダクトバックログ上で曖昧となる以下の点について注意が不足していた。
・デモ手順で表現されない細かい要素部分の途中調整
・後続の要件との整合性についての認識合わせ

主な要因は、「スプリント計画」を省いてしまった点かもしれない。

スプリントレビュー前に、POやアドバイザーに成果物を連係することが出来なかった。
※スプリントレビューが終わった物を触れる環境も必要か。

AWSでの開発以外の、
仕様に関わる部分の検討、設計が不足しているように感じる。
(画面に出力する項目など)

最低限の実装の認識がずれてしまっていた

開発者、SM、PO間のゴールイメージにまだ隔たりがある。

スプリントレビュー前日まで成果物の共有を行わなかったことで、認識齟齬の発見が遅れた。

本スプリントの機能のデモ手順しか確認しなかったため、他機能との連携に問題が発生しかかった。(菅)

レビュー指摘の記載がメッセージベースになってしまった

レビュー指摘の記載ルールを決めて、記録を残すようにする
(Rightning Reviewが利用できない環境の場合)

スプリント2~
デイリースクラムで、時間を守ることを意識していたが、しばしば時間を超えて相談事を話すケースがあった。
意識づけの為にも一度会議を終了して、別で会議を立ち上げて相談タイムを取るようにした方が良いかも。

スプリント2~
作業手詰まりや不明点、問題点が発生した場合、相談する(状況改善確認用)

スプリント2~
課題共有方法の決定
・JIRAで管理。表現方法は継続検討

スプリント2~
・スプリントのはじめにサポートとして実施内容を決めて、タスク化する

スプリント2~
・急な打ち合わせなどでも、
話す内容と時間を決めて実施する

スプリント2~
・デイリースクラムの報告内容をTeamsで連絡する(現状は開発メンバーのみのた

スプリント2　スプリント3　スプリント4　スプリント5　スプリント6　+

図 資料6-25　レトロスペクティブ例(KPTon)

以上がNID・MIで実施したスクラム開発の実例で、すべてを紹介できたわけではありませんが、できるだけ多くを掲載いたしました。この内容を見てわかるように必ずしも教科書通りのことをしているわけではありません。実際の実施にあたっては、アジャイル開発の原則や基本的なスクラム開発のフレームワークを理解することはもちろん必要ですが、教科書にとらわれすぎず、またスクラムガイドに記述されていることをそのまま実施しようとすることではなく、そのプロジェクトの目的や特色によってプロセスをテーラリングし、スクラム開発というツールを手段として使用するということが重要です。スクラムチームが100あれば100通りのスクラムのプロセスが存在するということが前提であるということを認識いただければと思います。

資料7　用語集

アーキテクチャ
ITシステムやそれらの構成要素などにおける、基本的な構造の設計や動作原理、実現方式などのこと。

アサイン
割り当てること。割り振ること。

アジャイル開発
小さな開発単位を設けて要件を分離し、すばやく開発およびテストを行い、顧客からのフィードバックをもとに改善を繰り返すシステム開発手法のこと。

委託
他の人や企業に対して依頼をすること。

イテレーション
アジャイル開発において、一連の工程を短い期間にまとめ何度も繰り返すサイクルのこと。

インクリメント
スプリント終了時の動作するプロダクトであり、スプリントバックログに含まれる要求事項がすべて開発終了し、完成の定義を満たしたもののこと。

インフラ
ITシステムを構成するサーバ機器やソフトウェア、ネットワークなど、基盤となる構成要素のこと。

ウォータフォール開発
設計や実装といった各工程を一つずつ順番に終わらせ、次の工程に進んでいく開発手法のこと。

請負契約
業務受託の契約形態の一つで、開発前に要求仕様を決め、仕様に従って開発し、定められた納期に成果物を納入し検収という流れで契約が完結する契約のこと。

回帰テスト

機能の追加や改修といったソフトウェアの変更を行った際に、追加や変更の対象ではない部分について、不具合がないかを確認するためのテストのこと。

瑕疵担保責任

開発したソフトウェアに、納入後に欠陥が発覚した場合に、開発側が負わなければならない責任のこと。

カスタマージャーニーマップ

プロダクトのターゲットのユーザーが時系列でどのように行動するのかを分析するために使うマップのこと。

カバレッジ

ソフトウェア開発においては、主にテストにより対象プログラムのどの程度の割合（%）が実行されたかを表す網羅率のこと。

完成の定義

プロダクトのリリース基準のこと。

技術プラクティス

プロダクト開発を実現するための要素技術や実装方法、テストの実施方法など、技術的な取り組みや手段のこと。

基本契約

一定の取引先と継続的に取引が行われる場合に、すべての取引に共通する基本的な事項を定める契約のこと。

原価

プロダクト開発にかかる費用のこと。労務費、管理費や設備費のほか、開発プロジェクトの運営に関わる間接費などを含めることが多い。

構成管理

ソフトウェア開発におけるプログラムやドキュメントなどの成果物とそのバージョンなどを管理する仕組みや活動のこと。

コード

プログラムコードやソースコードのこと。

顧客

発注者のこと。

個別契約

基本契約において定めていない事項で、個々の取引上確認が必要な事項を定めた契約のこと。

コミットメント

処理や変更などを確定すること。

再委託

委託者から任された業務の一部を、第三者に委託すること。

受託

他の人や企業からの依頼を引き受けること。

準委任契約

業務受託の契約形態の一つ。定められた期間だけ業務を遂行することが目的で、仕事の完成や成果物の保証（瑕疵担保責任）などの義務は生じない。

ステークホルダー

企業などの組織、あるいはその活動について何らかの関わりや影響があり、利益を得たり損害を被ったりする人や組織などのこと。

ストーリーポイント

ユーザーストーリーを開発するのに必要な作業量をある基準をもとに相対的に見積った数値のこと。SP と略す場合も多い。

スパイク

事前の技術的検証や調査のためのタスクのこと。ロッククライミングの時に打ち付ける Spike（命綱を止めておくために岩に埋め込む金属）が由来。

スプリント

スクラム開発の特徴のもので開発の 1 反復のこと。スプリントを繰り返し最終的なリリースを行う。

静的解析

プログラムを実行せずにソースコードを解析し、その品質、信頼性やセキュリティの検証を行うこと。

善管注意義務

要求された仕事を専門家として誠実に遂行すること。

タイムボックス

スクラム開発では各スクラムイベントに適切な時間枠を設け、その時間内で終了させるように管理する。この時間枠のこと。

タスクかんばん（タスクボード）

スプリントの状況を可視化するため、実行する各タスクの進行状況をホワイトボードなどに付箋を貼り付けることで、作業者や関係者が一目で確認できるようにしたもの。

チェックイン

変更したファイルをリポジトリに保存し反映させること。

テストコード

プログラムの動作をテストするために作成されたコードのこと。

デバッグ

ソフトウェアに潜在する欠陥を取り除くこと。

デプロイ

ソフトウェアの一連のファイルを配置すること。

手戻り

順を追って作業工程を進めていく中で、問題の発生により既に完了した工程に戻って作業をやり直すこと。

バーンダウンチャート

スプリントの進み具合を作業量ベースでグラフにより可視化したもの。

発注者

注文をする人や企業のこと。

ビルド

複数のプログラムをまとめ、動くようにする作業のこと。

フェーズ

ソフトウェア開発作業における段階的に分けた作業単位のこと。

プラクティス

開発を進めるうえで実践する具体的な手法や原則のこと。

プランニングポーカー

プロジェクトに参加するメンバー全員が意見を出し合い調整しながら、タスクの規模を相対的に見積ることにより最適な見積りを出していく手法のこと。

フレームワーク

システム構築における一連の作業の枠組みのこと。

プロダクトバックログ

プロダクトの要求事項（実現したいこと）をリストアップしたもののこと。優先度の高いもの順に並べられる。

プロダクトバックログアイテム

プロダクトバックログの一つ一つの要求事項のこと。

ペアプログラミング

2人の開発者が一組になってプログラミングを行う開発手法。実際にコンピュータを操作しコードを書く人を「ドライバ」、もう1人が指示を出す人で「ナビゲータ」と呼ぶ。

ペルソナ

プロダクトのターゲットのユーザー(モデル）像、架空の人物のこと。

ベロシティ

開発チームの生産速度を表す指標で、1スプリントあたりに完了できる作業量。(リリースできたユーザーストーリーのSPの合計)／(1スプリント）で表す。

ベンダー

ソフトウェア受託開発業者のこと（本書でITベンダーやソフトウェアベンダーという場合も同様)。

メソッド

オブジェクト指向プログラミングにおけるオブジェクトに実装されたプログラムのこと。

メトリクス

ソフトウェアの品質を定量化した指標のこと。

モブプログラミング

複数の開発者が同じ場所に集まり、1台のコンピュータを使い、話し合いながらプログラミングを進める手法のこと。

ユーザー

開発するプロダクトを実際に使う人のこと。ユーザー＝顧客である場合とユーザー≠顧客の場合がある。

ユーザーエクスペリエンス

IT システムの使用感のこと。

ユーザーストーリー（ストーリー）

システムを開発する際に必要なソフトウェアの機能をエンドユーザーの観点から、堅苦しくない一般的な言葉で説明したもののこと。ユーザーの要望や役割、ゴールなどの内容を含む。

ユーザーストーリーマップ

ユーザーストーリーを付箋紙などに書き出し、ユーザーの体験順に時系列で左右に整理、似た機能は上下に整理してホワイトボードなどに貼り付け配置したもののこと。

ユニットテスト

ソフトウェアの単一のモジュールやメソッドを対象に行うテストのこと。

要求仕様

開発するプロダクトやサービスについて、そのユーザーが求める機能や特性などの要求事項を定めたもののこと。

要求定義

システム開発の初期段階で、ユーザーがそのシステムに求めるものを明確にする作業のこと。

リファインメント

より明確化・詳細化する活動のこと。

リファクタリング

ソフトウェアの外部から見た挙動を変えることなく、プログラムの内部構造や設計を整理し、実装の改善をしていくこと。

リポジトリ

ソフトウェア開発のプロジェクトにおいて、ソースコードやドキュメント、その他関連するデータ、ファイルなどを管理するためのバージョン管理システムが、これらのファイルを一元的に管理する格納場所のこと。

レビュー

成果物（ソフトウェアやドキュメント）をその作成者以外の関係者が動作や内容を確認し、仕様や要求を満たすものとなっているか、誤りや不具合は無いかなどを検査して作成者にフィードバックする機会のこと。

ワーキングアグリーメント

仕事の進め方など、チームの行動に関するルールを明文化したもののこと。

CI

Continuous Integration（継続的インテグレーション）の略。ソフトウェアに変更が入るたびに、常にソフトウェア全体を統合し、動くソフトウェアを常時結合状態に置くこと。いつでもテスト可能にしておくことで問題の早期発見、効率的開発につなげることが目的。

IPA

Information-technology Promotion Agency, Japan（独立行政法人情報処理推進機構）の略。経済産業省所管の外郭団体であり、IT 人材の育成とその一環としての情報処理試験の実施、情報セキュリティ対策の強化に向けた研究や情報発信などの活動を通して、IT 社会の発展や課題解決の支援を行っている。

SP

Story Point の略。ストーリーポイントを参照。

SQA

Software quality assurance（ソフトウェア品質保証）の略。ソフトウェア開発のプロジェクトにおいて、成果物の品質や開発プロセスを監視する活動やその活動を実行する組織。

WBS

Work Breakdown Structure の略。プロジェクトを進めるうえでの最も小さな作業単位。

参考文献

■［CHISEL］ Posts about Agile & Development, https://chisellabs.com/glossary/

■［DIGITAL］ Digital.ai,「15th State of Agile Report」, https://stateofagile.com/

■［IPA_81485］（独）情報処理推進機構（IPA),「アジャイル開発外部委託モデル契約　契約前チェックリスト」, https://www.ipa.go.jp/files/000081485.xlsx

■［IPA_81486］（独）情報処理推進機構（IPA),「アジャイル開発外部委託モデル契約」, https://www.ipa.go.jp/files/000081486.docx

■［IPA_81487］（独）情報処理推進機構（IPA),「アジャイル開発進め方の指針～情報システム・モデル取引・契約書＜アジャイル開発版＞～」, https://www.ipa.go.jp/files/000081487.pptx

■［IPA_ent03-b］（独）情報処理推進機構（IPA),「システム構築の上流工程強化（非機能要求グレード)」, https://www.ipa.go.jp/sec/softwareengineering/std/ent03-b.html

■［IPA14］（独）情報処理推進機構（IPA),「アジャイル開発の現状と課題」, p.30, 2014年7月5日, https://www.ipa.go.jp/files/000039785.pdf

■［IPA20］（独）情報処理推進機構（IPA),「アジャイル領域へのスキル変革の指針　アジャイルソフトウェア開発宣言の読みとき方」, 2020年2月, https://www.ipa.go.jp/files/000065601.pdf

■［ISO9001：2015］ 品質マネジメントシステム規格国内委員会,「対訳ISO 9001：2015（JIS Q 9001：2015）品質マネジメントの国際規格［ポケット版］」,（一財）日本規格協会, 2016年

■［ITA21］ ITAシステム高信頼化研究会,「アジャイルを学ぶためのステップv1.0」, 2021年3月, http://ita.gr.jp/wp-content/uploads/2021/03/011a589b67458efee25e5add7ccf4a20.pdf

■ [ITA22] ITA システム高信頼化研究会，「アジャイル・スクラムの疑問・不安及び解決のヒント集」，2022 年 3 月，http://ita.gr.jp/wp-content/uploads/2022/05/5775d01515ea75d1d38a28ddbbd1d487.xlsx

■ [Jonathan11] Jonathan Rasmusson，西村直人，角谷信太郎，近藤修平，角掛拓未，「アジャイルサムライ－達人開発者への道」，オーム社，2011 年

■ [KEN&JEFF20] Ken Schwaber & Jeff Sutherland，「スクラムガイド」，2020 年 11 月，https://scrumguides.org/docs/scrumguide/v2020/2020-Scrum-Guide-Japanese.pdf

■ [MANIFESTO] 「アジャイルソフトウェア開発宣言」，https://agilemanifesto.org/iso/ja/manifesto.html

■ [NCDC21] 「アジャイルにおける「スプリント準備」のポイント（NADP 解説）」，NCDC，最終更新 2021.11.16，https://ncdc.co.jp/columns/7314/

■ [NETSOLUTIONS] net solutions INSIGHTS > PRODUCT DEVELOPMENT 7 Principles of Lean Software Development，https://www.netsolutions.com/insights/7-principles-of-lean-software-development/

■ [PRINCIPLES] 「アジャイル宣言の背後にある 12 の原則」，https://agilemanifesto.org/iso/ja/principles.html

■ [RIGHTPATH] ライトパスのブログ，「プロジェクトの制約条件とアジャイル」，ライトパス，https://www.rightpath.co.jp/blog/?p=51

■ [RYUZEE] RYUZEE.COM，Being Agile，https://www.ryuzee.com/contents/blog

■ [SQuBOK] 飯泉紀子，鷲崎弘宜，誉田直美，SQuBok 策定部会，「ソフトウェア品質知識体系ガイド― SQuBok Guide V3 ―第 3 版」，オーム社，2020 年

■［Steve20］ Steve McConnell，長沢智治，クイープ，「More Effective Agile～“ソフトウェアリーダー”になるための28の道標」，日経BP，2020年

■［WEINBERG11］ ジェラルドMワインバーグ，伊豆原弓，矢澤久雄，「プログラミングの心理学25周年記念版」，日経BP社，2011年

■［XP］ Extreme Programming：A gentle introduction，http://www.extremeprogramming.org/

■［XP123］ INVEST in Good Stories, and SMART Tasks，XP123，https://xp123.com/articles/invest-in-good-stories-and-smart-tasks/

■［居駒20］ 居駒幹夫，梯雅人，「アジャイル開発のプロジェクトマネジメントと品質マネジメント58のQ＆Aで学ぶ」，日科技連出版社，2020年

■［西村13］ 西村直人，永瀬美穂，吉羽龍太郎，「SCRUM BOOT CAMP THE BOOK」，翔泳社，2013年

■［平鍋21］ 平鍋健児，野中郁次郎，及部敬雄，「アジャイル開発とスクラム第2版」，翔泳社，2021年

■［片岡17］ 片岡雅憲，小原由紀夫，光藤昭男，「アジャイル開発への道案内」，近代科学社，2017年

■［誉田20］ 誉田直美，「品質重視のアジャイル開発　成功率を高めるプラクティス・Doneの定義・開発チーム編成」，日科技連出版社，2020年

本文イラスト いらすとや　https://www.irasutoya.com/

あとがき

本書を最後までお読みいただきありがとうございました。

本書について

当社には以前より社内向けアジャイル開発（スクラム開発）の開発標準をマニュアル化しようとする話がありました。

品質管理部門に所属する筆者は社内でのアジャイルの経験はありませんでしたが、ソフトウェア業界内においてアジャイル開発は既に実施されているもので、顧客のオンサイトでも、アジャイルを使って開発している現場もあります。社内でのウォータフォール型の開発標準はマニュアル化されていましたので、これと同様にアジャイル開発で実施する場合の標準プロセスを明確にする必要性を感じ、当社独自のスクラム開発の標準プロセスを作ってマニュアル化を実現し、結果本書の発行につながりました。

まず取り組んだことは、アジャイル開発の一般的な手法の分析とアジャイル開発を実施している当社の現場の聞き取り調査でした。現場で採用しているアジャイルの手法はほぼスクラム開発を用いていたのですが、まず驚いたのは一般的に論じられているスクラム開発と現場で実施しているスクラム開発の相違です。そしてもっと驚いたことには、プロダクトオーナーを筆頭に、開発に携わっている開発者らがアジャイルの原則やスクラムのフレームワークも知らずに言われた通りに（きつい）開発作業をやっているという現場があったということでした。これにはさすがに衝撃を受けました。

もちろん理想的にスクラム開発を進めている現場もありますが、開発者が現在実施しているものがスクラム開発であり、スクラム開発は苦しいものであるというような「誤解」を生みだすことは避けなくてはなりません。少なくともアジャイルの本質とスクラム開発のフレームワークを理解したうえで、個々のプロジェクトの特性に合わせた開発作業を実施し、できれば楽しく仕事をしてほしい、そういう思いで当社向けのスクラムの開発標準プロセスを作成し、社員向けのアジャイル（スクラム開発）のセミナーを行っていました。

このような取り組みの結果、スクラム開発に対する理解の推進がある程度できたのではないかと感じていた矢先、顧客との懇談の中で「スクラム開発をやりたいがどうしてよいかわからず困っているので何かあったら教えてほしい」というお話がありました。当社以外の多くの現場の開発者が当社が経験したような大変な状況下で開発作業を進めているのを知ったことで、当社がやっていることを共有できたらよいのではないかという考えが生まれ、そのことがきっかけとなり本書の出版に至ったのです。本書に記述してあることは フレームワークも含めてスクラム開発のほんの一例であり、前述した通りそれぞれの現場の状況に合わせたプロセスを考えて進めることが必要だと考えています。

現場から

ここ数年、日本国内のIT業界はスクラム開発を採用している、あるいは採用を予定している開発現場は少なくありませんが、まだまだスクラムを誤解している方がおられます。当社内でもスクラム開発をはじめて実施する現場の技術者から筆者のところに、経験豊富なスキルの高い技術者でないとスクラム開発はできないのではないか？というような質問が多く寄せられています。これは一般的なガイド等に書かれているスクラム開発の記述をそのまま解釈してしまい、スキルがある人でなければスクラムチームを構成できないとも取れる表現が多く存在していることが一因ではないかと思っています。理想としてはそうあってほしいですが、現実は多くのソフトウェア開発の現場が経験の少ない技術者をスクラムチームのメンバーとして一緒に開発作業をしなくてはならないことが多いのではないでしょうか。

当社では、そのような場合にはペアプログラミングやモブプログラミングという技術プラクティスをうまく利用して、開発者が互いに成長できるような仕事の進め方を実施しています。諸々の工夫で開発者らがそれぞれの現場で楽しく開発作業に従事できるのではないでしょうか。

本書が皆さんのスクラムの開発作業の一助になればと願ってやみません。

謝辞

本書の出版に際し、推薦文をご寄稿くださった早稲田大学 教授 鷲崎弘宜先生、また執筆の際の情報のご提供および校正作業に関して、適切なご助言を賜りました株式会社システム情報 フェロー CMMIコンサルティング室 室長 小林浩氏、多くのアジャイル／スクラムの先駆者の方々にこの場をお借りして厚く御礼申し上げます。

索　引

さ

た

は

ま

や

ら

わ

〈執筆者〉
新名貴久（株式会社エヌアイデイ　DX 事業本部　事業推進室　担当部長）
沢田和統規（株式会社エヌアイデイ　DX 事業本部　事業推進室　品質管理課　課長）
今井正和（株式会社エヌアイデイ　DX 事業本部　事業推進室　品質管理課）
湯田小百合（株式会社エヌアイデイ　DX 事業本部　事業推進室　品質管理課）

〈協力者〉
小林　浩（株式会社システム情報　フェロー　CMMI コンサルティング室　室長）
太田康介（株式会社エヌアイデイ　DX 事業本部　事業推進室　室長）
日下　学（株式会社 NID・MI　DX 推進室　室長）

株式会社エヌアイデイ　ホームページ https://www.nid.co.jp/contact/

- 本書の内容に関する質問は、オーム社ホームページの「サポート」から、「お問合せ」の「書籍に関するお問合せ」をご参照いただくか、または書状にてオーム社編集局宛にお願いします。お受けできる質問は本書で紹介した内容に限らせていただきます。なお、電話での質問にはお答えできませんので、あらかじめご了承ください。
- 万一、落丁・乱丁の場合は、送料当社負担でお取替えいたします。当社販売課宛にお送りください。
- 本書の一部の複写複製を希望される場合は、本書扉裏を参照してください。

JCOPY <出版者著作権管理機構 委託出版物>

実践スクラム
—スクラム開発プレイヤーのための事例—

2023 年 3 月 31 日　　第 1 版第 1 刷発行

編 著 者　株式会社エヌアイデイ　DX 事業推進チーム
発 行 者　村 上 和 夫
発 行 所　株式会社 オーム社
郵便番号　101-8460
東京都千代田区神田錦町 3-1
電話　03(3233)0641(代表)
URL https://www.ohmsha.co.jp/

© 株式会社エヌアイデイ　DX 事業推進チーム　*2023*

組版　新協　　印刷・製本　三美印刷
ISBN978-4-274-23043-1　Printed in Japan

本書の感想募集　https://www.ohmsha.co.jp/kansou/
本書をお読みになった感想を上記サイトまでお寄せください。
お寄せいただいた方には、抽選でプレゼントを差し上げます。